U0830926

中国概况
PANORAMA

上海

中国概况

上海

上海市人民政府新闻办公室　编著

外文出版社
FOREIGN LANGUAGES PRESS

前言

上海是中国的历史文化名城，早在宋代有了“上海镇”，元至元二十九年（1292 年）置上海县，建城已有 700 多年的历史。上海是典型的近代崛起城市，1843 年鸦片战争后，上海成为对外开放的商埠与租界，开埠以后，上海仅用了数十年时间就从一个普通的滨海县城发展成为中国第一繁盛商埠，一个国际化大都市。

这个靠近大海，以海命名的城市，在中国的重要性，是任何其他中国城市所无法替代的。它是中国现代化运动的产物，又是中国现代化运动的肇始者和推进器，而且一直是中国现代变迁的缩影。上海在近代以来中国各个历史时期都扮演了极其重要的角色。它是中国现代化起步最早、程度最高的城市，到 20 世纪 30 年代，已发展成为集航运、外贸、金融、工业、信息中心于一体的多功能经济中心，同时也是中国乃至亚洲最重要的文化中心之一。

从 1949 年至今，上海的经济和社会面貌发生了深刻的变化，虽然历经波折起伏，但上海的综合实力在 60 多年间得到不断提升，城市面貌焕然一新，城乡居民安居乐业，从根本上改变

了原先在半殖民地半封建条件下畸形发展起来所形成的旧经济模式。随着 1978 年改革开放政策的全面实行，上海着力调整经济结构和转变经济发展方式，注重资源节约和环境保护，探索出一条国际化大都市发展新路。特别是 1990 年始的浦东开发开放更为上海的经济改革与发展插上了腾飞的翅膀，在全国经济建设和社会发展中发挥着举足轻重的作用，国民经济向着又好又快发展的方向稳步迈进。尤其是从 1992 年到 2007 年，上海经济已连续 16 年保持两位数增长，经济增长率落差仅为 4.9 个百分点，是上海经济增长最快、波动最小的时期之一。2015 年上海市生产总值达到 24964.99 亿元，第三产业占 GDP 的比重已超过 60%，达到 67.8%。人均 GDP 达 16560 美元，相当于世界高收入国家（地区）水平。全市地方财政收入达到 5519.50 亿元。对外开放迅速扩大，2015 年末，在上海投资的国家和地区达 165 个；在上海落户的跨国公司地区总部达到 535 家，投资性公司 312 家，外资研发中心 396 家；在沪经营性外资金融单位达到 230 家。新兴的金融证券、期货交易、外汇和技术等全国性市场的建立，确立了上海作为全国资源配置中心的地位，

同时也加快了上海经济与国际接轨的步伐。成功申办并举办中国 2010 年上海世博会、举办 APEC 会议、《财富》全球论坛、上海合作组织峰会、全球扶贫大会、2014 年上海亚信峰会等重大国际性会议；中国（上海）自由贸易试验区建设启动实施，改革创新效应显现。上海作为新世纪国际经济、金融、贸易、航运中心之一的地位已初步确立。

展望未来，上海更加信心百倍。未来的上海，肩负着面向世界、服务全国、联动长三角的重任，她将凭借改革开放的东风，通过转变经济发展方式、提高科技创新能力、推进改革开放、构建和谐社会，把自身建设成为国际经济、金融、贸易和航运中心。到 2020 年，一个以国际经济、金融、贸易和航运中心为标志的新上海将呈现在世界面前。

目录

中国概况·上海

上海是中国的历史文化名城，早在宋代有了“上海镇”，元至元二十九年（1292 年）置上海县，建城已有 700 多年的历史。上海是典型的近代崛起城市，1843 年鸦片战争后，上海成为对外开放的商埠与租界，开埠以后，上海仅用了数十年时间就从一个普通的滨海县城发展成为中国第一繁盛商埠，一个国际化大都市。

第一章

基本概况

- 上海市市标
- 上海市市花
- 上海城市精神
- 自然地理
- 人口
- 民族
- 宗教
- 民俗节庆
- 自然资源
- 著名人物
- 标志性建筑

上海市市标

上海市市标1990年经上海市人大常委会审议通过。上海市市标是以市花白玉兰、沙船和螺旋桨三者组成的三角形图案。三角形图案似轮船的螺旋桨，象征着上海是一座不断前进的城市；图案中心扬帆出海的沙船，是上海最古老的船舶，象征着上海是一座历史悠久的港口城市；沙船的背景是迎着早春盛开的白玉兰，展示了城市的勃勃生机。

上海市市花

上海市市花1986年经上海市人大常委会审议通过。在上海的气候条件下，白玉兰开花特别早。清明节前，它就会繁花盛开。白玉兰洁白如玉，晶莹皎洁，开放时朵朵向上，溢满清香。选择白玉兰作为上海市市花，象征着一种开路先锋、奋发向上的精神。

上海城市精神

海纳百川
追求卓越
开明睿智
大气谦和

2007年5月，上海市第九次党代会明确号召，与时俱进地培育城市精神，大力塑造海纳百川、追求卓越、开明睿智、大气谦和的新形象，使全市人民始终保持艰苦奋斗、昂扬向上的精神状态。自此，“海纳百川、追求卓越、开明睿智、大气谦和”成为上海城市精神。海纳百川，是上海历史与现实最鲜明的特征；追求卓越，是上海突出的城市品格；开明睿智，是上海传统文化资源；大气谦和，是上海现代化的基石。

自然地理

地理位置

上海位于北纬31度14分，东经121度29分；地处太平洋西岸，亚洲大陆东沿，长江三角洲前缘；东濒东海，南临杭州湾，西接江苏、浙江两省，北界长江入海口，长江与东海在此连接。上海正当中国南北弧形海岸线中部，具有江海交汇、交通便利，腹地广阔的优越位置，是一个良好的江海港口。

上海在中国的位置（示意图）

上海市区划示意图

A 浦东新区	E 静安区	I 宝山区	M 松江区
B 黄浦区	F 普陀区	J 闵行区	N 青浦区
C 徐汇区	G 虹口区	K 嘉定区	O 奉贤区
D 长宁区	H 杨浦区	L 金山区	P 崇明区

土地面积

1949 年，上海的土地面积仅为 636.18 平方公里。1958 年，江苏省的嘉定、宝山、上海、松江、金山、川沙、南汇、奉贤、青浦、崇明 10 个县划归上海，使上海的辖区面积扩大到 5910 平方公里，几乎是新中国成立初期的 10 倍。2015 年末，上海全市土地面积为 6340.5 平方公里，占全国总面积的 0.06%，南北长约 120 公里，东西宽约 100 公里。上海陆海岸线长 172 公里。郊区还有镶嵌在长江入海口的崇明、长兴、横沙三个岛屿，其中崇明岛是中国的第三大岛，由长江挟带下来的泥沙冲积而成。

2015年各区土地面积

单位：平方公里

地区	土地面积
全市	6340.50
浦东新区	1210.41
黄浦区	20.46
徐汇区	54.76
长宁区	38.30
静安区	7.62
普陀区	54.83
闸北区	29.26
虹口区	23.48
杨浦区	60.73
闵行区	370.75
宝山区	270.99
嘉定区	464.20
金山区	586.05
松江区	605.64
青浦区	670.14
奉贤区	687.39
崇明区	1185.49

地势

上海陆地地势总体呈现由东向西低微倾斜，主要属于以太湖为中心的蝶形洼地东缘部分，宛如从东向西倾斜的半个碟子。上海境内除西南部有少数丘陵山脉外，整体地势为坦荡低平的平原，是长江三角洲冲积平原的一部分，平均海拔高度4米左右。全区东、北、南三面略微高起，海拔约4–5米；中部黄浦江两岸次之，约4米；西部淀山湖一带最低，仅2.5米。上海西部有天马山、薛山、凤凰山等残丘，天马山为陆上最高点，海拔98.2米。海域上有大金山、小金山、乌龟山等岩岛，大金山海拔高度103.4米，为上海境内最高点。

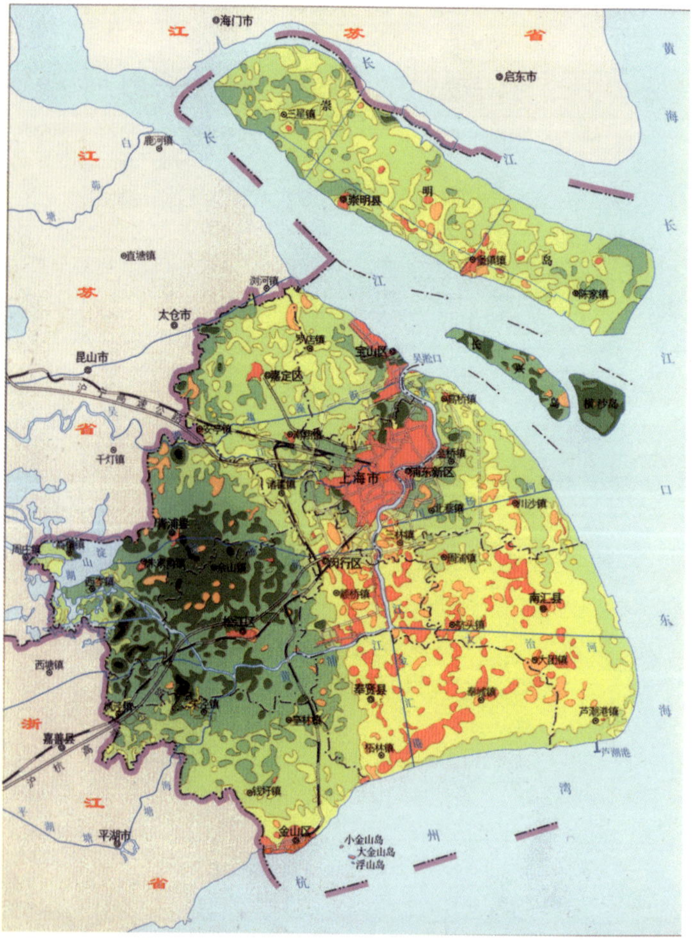

气候

上海属北亚热带季风性气候，四季分明，日照充分，雨量充沛。上海气候温和湿润，春秋较短，冬夏较长。全年平均气温16℃左右，月平均气温以一月最低约3℃，7月、8月最高约28℃。2015年，全市平均气温17.1℃，日照1493.8小时，降水量1649.1毫米。全年70%以上的雨量集中在4月至9月的汛期。汛期有春雨、梅雨、秋雨三个雨期，梅雨后有一个盛夏伏旱期。四季中，春秋季较短，冬夏季较长。3–5月为春季，乍晴乍雨，寒暖不时，多浓雾，有时还会出现晚霜冻；6–8月为夏季，6月中旬后期进入梅雨期，持续期一般约20天，7、8月进入盛夏期，天气炎热。9–11月进入秋季，温度宜人，但入秋后仍有大伏天的余热，俗称“秋老虎”，多台风、多暴雨、雨量大而集中，秋雨一般为10天左右；12月－翌年2月为冬季，天气寒冷、干燥，当有寒潮天气出现时，降温明显，并伴有风雪。

2015年上海市气象状况

月份	平均气温（℃）	降水量（毫米）
1月	6.0	61.1
2月	6.8	81.1
3月	10.6	96.4
4月	15.9	108.9
5月	20.5	131.4
6月	24.2	486.4
7月	26.7	173.1
8月	27.8	125.6
9月	24.2	140.5
10月	19.6	49.3
11月	14.0	113.9
12月	7.8	81.4

人 口

人口总量

由于大量人口迁入和外来流动人口增长迅速，上海人口总量呈集聚和不断扩大趋势。上海开埠时人口不足10万人，至1949年解放时全市人口为520万人。2015年末，户籍人口已增至1442.97万人，是新中国成立初期的2.8倍。全市常住人口2415.27万人，其中外来常住人口981.65万人，户籍常住人口1433.62万人。在户籍人口中，男性人口716.37万人，女性人口726.60万人，分别占户籍人口总量的49.6%和50.4%。上海人口的分布由中心稠密地区向内环线以外及郊区扩散。按常住人口计算，全市人口密度为每平方公里3809人，其中，最高虹口区每平方公里34472人，最低崇明区每平方公里587人。

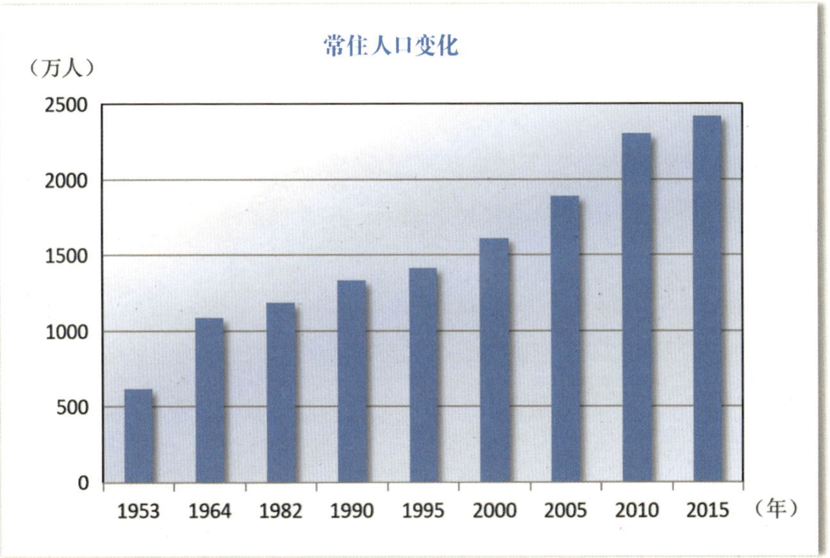
常住人口变化
（万人）
2500
2000
1500
1000
500
0
1953
1964
1982
1990
1995
2000
2005
2010
2015
（年）

2015 年末各区常住人口及人口密度

地区	年末常住人口（万人）	人口密度（人 / 平方公里）
全 市	2415.27	3809
浦东新区	547.49	4523
黄浦区	65.86	32190
徐汇区	108.91	19889
长宁区	69.11	18044
静安区	23.69	31089
普陀区	128.80	23491
闸北区	83.71	28609
虹口区	80.94	34472
杨浦区	131.52	21657
闵行区	253.79	6845
宝山区	202.29	7465
嘉定区	156.80	3378
金山区	79.80	1362
松江区	176.02	2906
青浦区	120.91	1804
奉贤区	115.99	1687
崇明区	69.64	587

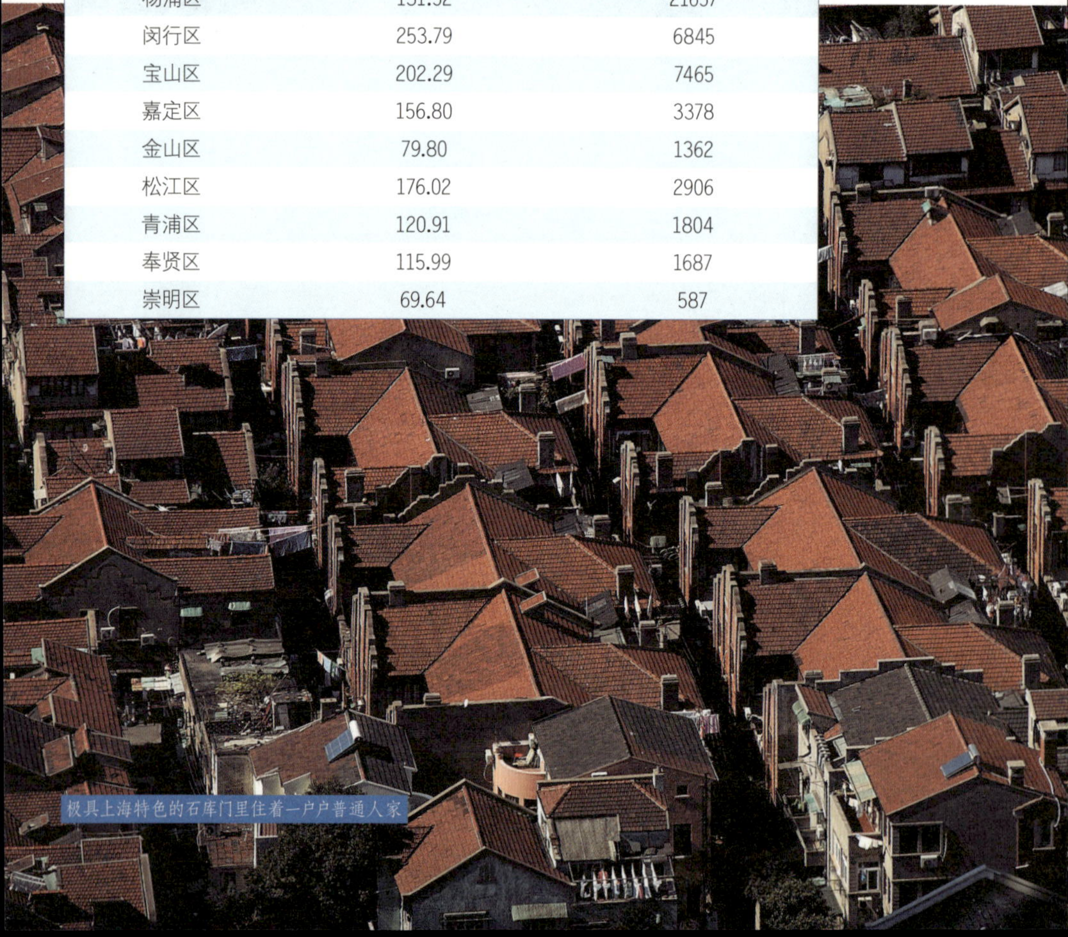

极具上海特色的石库门里住着一户户普通人家

户籍人口自然变动情况

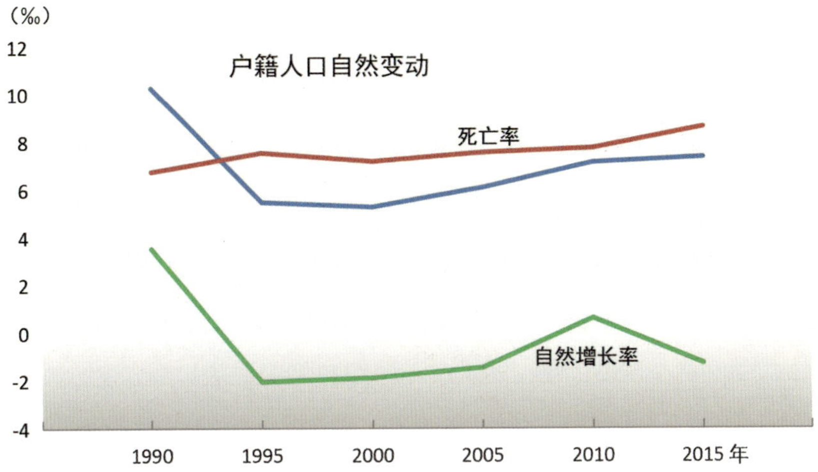

人口变动

上海人口的自然变动由高出生、低死亡的高自然增长率转变为低出生、低死亡的低自然增长，进而进入了人口自然变动负增长阶段。1993 年，上海成为全国第一个出现人口自然变动负增长的省级行政区。2015 年，全市户籍常住人口出生率为 7.35‰，死亡率为 8.62‰，自然增长率为 −1.27‰。

人口迁移形成的人口机械变动，是上海户籍人口增长的主要因素。上海户籍人口迁入有两个快速增长期。一是新中国成立初期的经济恢复时期，吸引了大量人口。1951–1954 年净迁入人口 90.89 万人。二是 1979 年开始，大量外迁人口逐步落实政策，当年迁入的人口 59.83 万人，为人口回迁最高年。1979 年上海户籍人口为 1132.14 万人，2001 年上海户籍人口达到 1327.14 万人，其中由于迁移引起的机械人口净增 149.94 万人。2015 年，上海迁移引起的机械人口净增 6.29 万人。

人口年龄构成

上海是全国率先进入人口老龄化的地区之一，老龄化程度高。据第六次全国人口普查资料，在 2010 年上海常住人口 2301.91 万人中，0–14 岁的人口为 198.56 万人，占总人口的 8.6%；15–64 岁的人口为 1870.37 万人，占 81.3%；65 岁及以上的人口为 232.98 万人，占 10.1%。按照国际上通常把 60 岁以上的人口占总人口比例达到 10%，或 65 岁以上人口占总人口的比例达到 7% 作为国家或地区进入老龄化社会的标准，上海已于 1979 年在全国率先进入老龄化社会。

上海的老年爵士乐队

人口文化素质

上海人口的文化素质不断提高。据第六次全国人口普查，2010 年上海 2208.57 万 6 岁及以上常住人口中，共有各种受教育程度人口 2139.11 万人。其中，具有大学（指大专及以上）文化程度的人口为 503.96 万人，具有高中（含中专）文化程度的人口为 482.32 万人，具有初中文化程度的人口为 840.65 万人，具有小学文化程度的人口为 312.18 万人。与历次人口普查相比，上海人口文化程度结构持续提升；与第五次人口普查相比，小学文化和高中文化程度人口比重略有减小，初中文化程度人口比重基本持平，大专及以上高学历文化程度人口比重大幅增加。

主要年份人口受教育程度构成情况

单位：%

年份	小学及以下	初中	高中	大专及以上
1964	79.6	13.0	5.2	2.2
1982	43.8	30.4	22.0	3.8
1987	39.9	34.3	19.6	6.2
1990	37.6	34.2	21.1	7.1
1995	32.4	36.1	22.0	9.5
2000	26.5	38.2	23.9	11.4
2005	21.4	35.8	24.8	18.0
2010	17.3	38.1	21.8	22.8

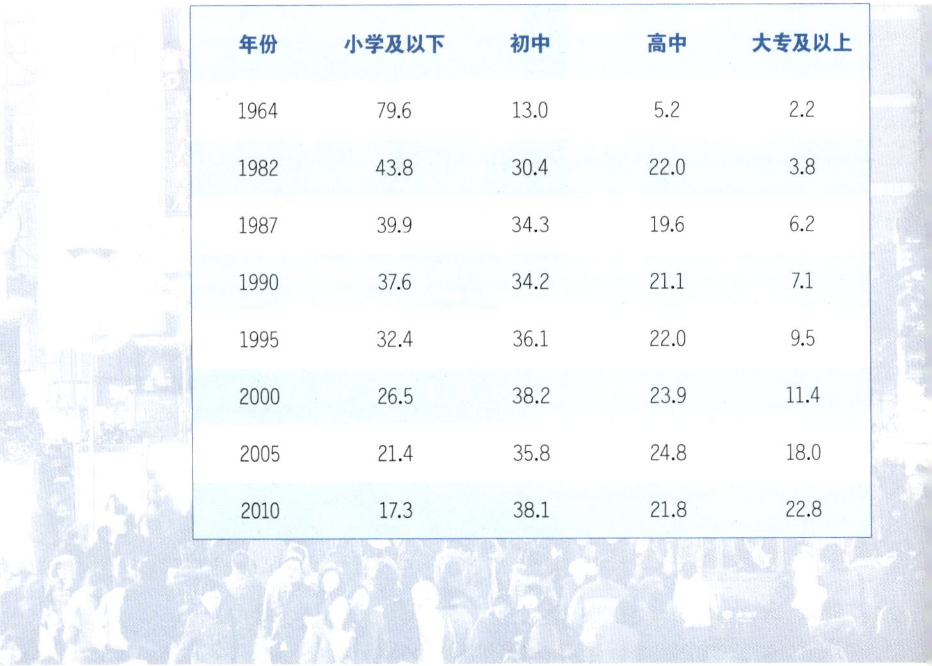

外来人口

随着上海经济社会的快速发展，上海作为全国中心城市的功能日益强化，进入上海的流动人口也不断增多。据第六次全国人口普查，2010 年外省市来沪常住人口 897.7 万人，与第五次全国人口普查相比，增加 591.96 万人，增长 1.9 倍，年均增长 11.4%。上海人口增量中，89.5% 来自外省市流入，外省市来沪常住人口占上海常住人口比重由第五次全国人口普查的 18.6% 提高到 39%。

南京路步行街上人潮汹涌

观光车

2010、2000年上海常住外来人口迁移原因比重

单位：%

	2010年	2000年
合计	**100**	**100**
务工经商	78.3	69.9
工作调动	1.7	1.2
学习培训	2.1	2.0
随迁家属	8.5	13.5
投亲靠友	4.7	5.5
拆迁搬家	1.1	1.7
婚姻嫁娶	2.1	2.5
其他	1.5	3.7

2010、2000年上海外来人口来源地分布与排名

单位：%

省份	2010年比重	排名	2000年比重	排名
合计	**100**		**100**	
安徽	29.0	1	32.2	1
江苏	16.8	2	24.0	2
河南	8.7	3	4.1	6
四川	7.0	4	7.3	4
江西	5.4	5	6.0	5
浙江	5.0	6	9.9	3
湖北	4.5	7	2.7	8
山东	4.2	8	2.1	9
福建	2.9	9	2.8	7
湖南	2.5	10	1.4	10
其他省份合计	14.0		7.5	

境外在沪人员

上海已逐渐成为全国境外人员最集聚的地区之一。据第六次全国人口普查，2010 年，居住在上海并接受普查登记的境外人员共有 20.83 万人。其中，外籍人员 14.32 万人，占 68.7%；港澳台居民 6.51 万人，占 31.3%。港澳台居民中，香港特别行政区居民 1.93 万人，澳门特别行政区居民 910 人，台湾地区居民 4.49 万人。上海已逐渐成为全国境外人员最集聚的地区之一。2010 年，居住在上海的境外人员数仅次于广东省，居全国第二位，占全国的 20.4%。其中，外籍人员数居全国第一位，占 24.1%；港澳台居民人数居全国第二位，占 15.3%。

民族

上海是少数民族散居地区。700多年来，上海的少数民族同胞与汉族同胞一起，共同缔造了上海这座中国最大的经济中心城市。1951年，上海少数民族人口仅为1.85万人。随着民族平等、团结、互助政策的落实，以及上海与各民族地区交往的日益频繁，上海少数民族人口逐年增加。特别是改革开放以来，因婚嫁、经商、学习、从业、定居等原因来上海的少数民族日渐增多。据第六次全国人口普查资料显示，2010年全市少数民族人口总数为27.56万人，比第五次人口普查增加17.2万人。从比重看，少数民族人口占全市总人口的比重为1.2%。除汉族外，上海有55个少数民族，覆盖了国内所有少数民族。其中回族人口最多，达7.82万人，占少数民族人口的28.3%。

上海少数民族人口数变化

单位：人

民族别	2000年	2010年	增幅(%)
合计	103639	275571	165.9
回族	57514	78163	35.9
土家族	5296	33584	534.1
苗族	4808	31351	552.1
满族	9087	25165	176.9
朝鲜族	5120	22257	334.7
壮族	2923	16219	454.9
蒙古族	6468	11238	73.7
侗族	1970	7787	295.3
彝族	1443	7113	392.9
布依族	976	5840	498.4
维吾尔族	1701	5254	208.9
白族	506	3893	669.4
瑶族	798	3627	354.5
哈尼族	381	3185	736.0
畲族	859	3020	251.6
仡佬族	89	2684	2915.7
藏族	1642	2406	46.5
黎族	99	1725	1642.4
傣族	246	1289	424.0
土族	226	1009	346.5
其他民族	1487	8762	489.2

上海少数民族人口总量情况

年份	少数民族数目(个)	少数民族人口数(万人)	较上次普查增长(%)	占总人口比重(%)
1990年	44	6.22	–	0.5
2000年	53	10.36	66.6	0.6
2010年	55	27.56	165.9	1.2

宗教

上海市宗教界因“文革”停止活动10多年，于1979年恢复活动。而后龙华寺、静安寺、玉佛寺、徐家汇天主堂、佘山天主堂、国际礼拜堂、沐恩堂、白云观、小桃园清真寺等一批著名的教堂、寺庙修复一新，并恢复活动。至2013年末，上海有佛教、道教、伊斯兰教、天主教、基督教五大宗教，已登记开放的宗教活动场所430处，宗教教职人员1546人，信教人数123.53万人，全年到各宗教场所参加宗教活动1949.82万人次。9个市宗教团体为市佛教协会、市道教协会、市伊斯兰教协会、天主教上海教区、市天主教爱国会、市天主教教务委员会、市天主教知识分子联谊会、市基督教三自爱国运动委员会、市基督教教务委员会。2个其他社会团体为上海基督教青年会、女青年会。4所宗教院校为上海佛学院、上海道教学院、中国天主教佘山修院、华东神学院。2个宗教出版机构为上海佛学书局、天主教光启社。

位于上海普陀区的真如寺

凝暉閣
天祐樓

民俗节庆

上海地处江南，民俗节庆与江南其他地方有不少相同之处。上海开埠以后，日渐成为一个江海通津、人烟稠密、华洋杂居、五方杂处的城市，给原有的民俗节庆增添了新的内容，并逐渐形成自己的特色。除夕、春节、元宵、清明、立夏、浴佛、端午、中秋、重阳等节庆，在上海郊县农村仍有流行，但市内由于时代变化，市民观念更新加速，有的节庆已渐遭淘汰，有的则通过变化而继承下来。如新岁吃汤团、清明食青团、端午包粽子、中秋尝月饼、重阳吃糕团、除夕包饺子制年糕等仍成为上海地区“海派”民俗节庆的特色。

自然资源

生物

上海境内天然植被不多，绝大部分是人工栽培作物和林木。天然的木本植物群落，仅分布于大金山岛和佘山等局部地区，天然草本植物群落分布在沙洲、滩地和港汊。栽培的农作物共有 100 多个种类，近万个品种。蔬菜多达 400 多种，居全国之冠，瓜果和观赏花卉品种也很多。动物资源主要是畜禽品种，野生动物种类已十分稀少。水产资源丰富，共有鱼类 200 多种。

崇明东滩鸟类国家级自然保护区主要保护迁徙水鸟及其栖息环境，属野生动物类型自然保护区。保护区主要由团结沙外滩、东旺沙外滩和北八滧外滩等三大部分组成，区域总面积 241.55 平方公里。其中核心区面积为 148.42 平方公里。目前，崇明东滩记录到的鹤类、鹭类、雁鸭类等鸟类有 290 种，及 10 种兽类、94 种鱼类和 70 多种大型底栖动物。据统计，每年在崇明东滩湿地栖息或过境的候鸟超过 100 万只次；有 8 个涉禽种超过 1% 的数量在迁徙季节到崇明东滩湿地逗留栖息。

矿产

上海由于受地质环境和成矿贮存条件的限制，矿产资源相当贫乏。经地质工作者多年来的努力，共发现查明矿产资源 4 类 13 种，其中能源矿产 2 种：浅层天然气、地下水含水层储能（非传统矿产资源）；金属矿产 6 种：铜、银、锌、金、铁、镉（金山铜矿主、伴生矿）；非金属矿产 3 种：安山岩、石英砂、贝壳砂、黏土；水气矿产：地下水、矿泉水。

水文

上海地区水资源丰富，河湖众多，水网密布，是著名的江南水乡。上海市地处长江入海口、太湖流域东缘。境内江、河、湖、塘相间，水网交织，主要水域和河道有长江口，黄浦江及其支流大泖港、园泄泾、斜塘和太浦河、拦路港，以及吴淞江(苏州河)、蕰藻浜、川杨河、淀浦河、大治河、金汇港、油墩港等。吴淞江别称苏州河，发源于太湖瓜泾口，在市区外白渡桥附近汇入黄浦江，全长约 125 公里，其中上海境内约 54 公里，为黄浦江主要支流。上海的湖泊集中在与江苏、浙江交界的西部洼地，最大的湖泊为淀山湖，总面积 60 余平方公里。

著名人物

古往今来，在上海这块土地上，涌现出一大批在上海出生和居住过的著名人物。古代历史名人有李善兰、黄道婆、徐光启等；近代历史名人有毛泽东、周恩来、陈云、宋庆龄、鲁迅、黄炎培、蔡元培、陶行知、梁启超、夏衍、巴金、张爱玲等。姚明和刘翔是当今中国体育的标志性人物，他们一个代表着上海的高度，一个则代表着上海的速度。

姚明曾连续六个赛季入选 NBA 西部全明星阵容

标志性建筑

国内外游人到上海，无不惊叹这座城市瑰丽多姿的建筑风采。上海建筑中的传世之作，有些是我们的先祖遗留下的，更多的则是远涉重洋、兼容了不同国家建筑风格。在上海外滩，矗立着汇丰银行大楼、海关大楼、亚细亚大楼、有利大楼、日清大楼、中国银行大楼等 50 多幢租界时期中西合璧式风格各异的大楼，被誉为“万国建筑博览群”，被看作上海的标志性建筑。20 世纪 90 年代以来，在外滩对面的黄浦江畔建造的东方明珠电视塔、金茂大厦、环球金融中心、上海中心大厦等是上海的现代标志性建筑。观光上海，犹如遨游一座巨大的万国建筑博览馆，又似流连于人类文明的浩浩殿堂。

中　国　概　况 · 上　海

新中国成立后，上海的经济和社会面貌发生了巨大变化。特别是 1978 年改革开放后，上海不断扩大开放，深化改革，率先走出一条具有特大城市特点的科学发展之路。而 1990 年浦东开发开放以后，上海又走到了改革开放的前沿，越来越多地承担起中国经济领头羊的责任。20 多年中，这座城市进入了快速发展的轨道，展露出前所未有的崭新面貌。

第二章

历史沿革

“申”与“沪”由来

上海，简称“沪”，别称“申”。大约在6000年前的新石器时代，上海西部形成陆地，东部地区成陆也有2000年之久。上海春秋时属吴，战国时先属越后属楚。相传上海曾经是楚国春申君黄歇的封邑，黄歇命人疏通过境大江，这条江就被叫作黄浦江或春申江，这块地方则被称为“申”，这就是上海简称“申”的来历。公元四五世纪时的晋朝，以捕鱼为生的居民创造了一种竹编的捕鱼工具叫“扈”，当时还没有上海这个地名，于是人们就将这一带称作“扈渎”，以后又改“扈”为“滬(沪)”。

上海建城

唐天宝十年(公元751年)，上海地区属华亭县(现今的松江区)。宋淳化二年(公元991年)，因松江上游不断淤浅，海岸线东移，大船出入不便，外来船舶只得停泊在松江的一条支流“上海浦”(其位置在今外滩至十六铺附近的黄浦江)上。南宋咸淳三年(公元1267年)，在上海浦西岸设置市镇，定名为“上海镇”。公元1292年，元朝中央政府把上海镇从华亭县划出，批准设立上海县，标志着上海建城之始。

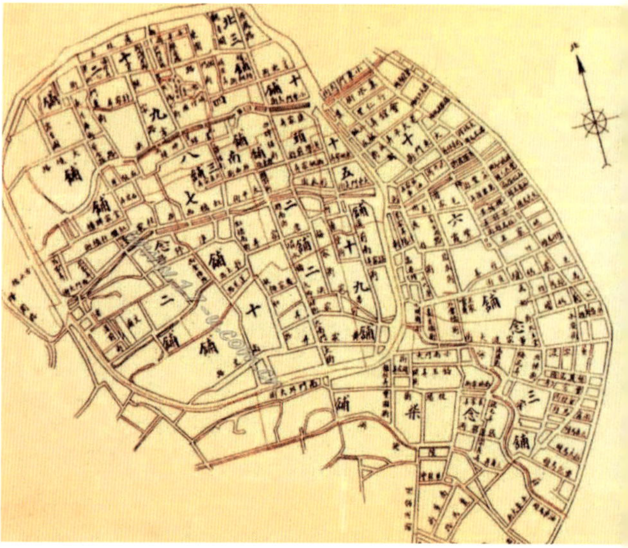

1883 年的上海外滩街景

近代上海

明代中叶（公元 16 世纪），上海已成为全国棉纺织手工业中心。清康熙二十四年（公元 1685 年），清政府在上海设立海关。19 世纪中叶，上海已成为商贾云集的繁华港口。鸦片战争以后，上海被殖民主义者辟为“通商口岸”。在中西文化冲撞与交汇的过程中，上海成为由中外移民共同缔造的以通商为主要功能的商业巨埠。

历史性变革

新中国成立后，上海在中国共产党领导下，经济和社会面貌发生了巨大变化。特别是1978年改革开放后，上海不断扩大开放，深化改革，率先走出一条具有特大城市特点的科学发展之路。而1990年浦东开发开放以后，上海又走到了改革开放的前沿，越来越多地承担起中国经济领头羊的责任。20多年中，这座城市真正进入了快速发展的轨道，展露出前所未有的崭新面貌。

原来的"十里洋场"已被革旧布新为集购物、观光、休闲为一体的步行街；昔日的浦东乡村，已被开发为大厦林立，外商云集的新区；浦江的外滩两岸，已形成中外资银行及证券交易鳞次栉比的金融市场；狭窄的城区街市，已被耸立的高楼和如茵的绿地取代；陈旧的交通设施，已被纵横、快捷的空中、

今日外滩

陆地、地下交通网络更替；繁华的中心城区，已建起崭新的博物馆、图书馆、大剧院等文化设施；狭窄的市民住房，已被改造成新型、宽敞的居室和园林化布局、智能化管理的住宅小区；传统的产业结构，已被钢铁、石化、汽车、金融、外贸、高新技术等支柱产业的结构和布局所调整……上海成为2425.68万常住人口的欢乐家园和宜居之地。

进入21世纪后，上海坚持创新驱动发展、经济转型升级，努力开创建设国际经济、金融、贸易、航运中心和社会主义现代化国际大都市的新局面。上海正朝着中央提出的全国改革开放排头兵和科学发展先行者要求不断迈进。上海的今天好，上海的明天会更好。

1938年的外滩

20世纪末改造前的外滩

20 世纪 30 年代的人民广场

今日人民广场

上海在全国的地位

正在向现代化国际大都市目标迈进的上海，肩负着面向世界、推动长三角地区一体化发展的重任，在全国经济建设和社会发展中具有十分重要的地位和作用。土地面积仅占全国 0.06% 的上海，完成的生产总值占全国的比重为 3.7%，集装箱吞吐量占全国的 17.4%，关区进出口商品总额占全国的 20.7%，吸引外资投资实际到位金额占全国的 14.6%，并在改革开放、产业升级、科技创新等方面发挥着示范、辐射和带动作用。

2015 年上海主要经济指标占全国比重

指标	单位	全国	上海	上海占全国的比重（%）
生产总值	亿元	676708	24964.99	3.7
社会消费品零售总额	亿元	300931	10055.76	3.3
集装箱吞吐量	万国际标准箱	20959	3653.70	17.4
固定资产投资总额	亿元	562000	6352.70	1.1
上海关区进出口总额	亿元	245741	50838.17	20.7
外商直接投资实际到位金额	亿美元	1263	184.59	14.6
研究与发展经费支出	亿元	14220	925.00	6.5
技术合同成交金额	亿元	9835	707.99	7.2

上海的一天

上海是一个繁忙的城市，上海是一个高速运转的城市，在一天内的经济活动成果，充分折射出上海经济发展的水平和活力。

上海的一天

指标	单位	绝对值
上海市生产总值	亿元	68.40
地方财政收入	亿元	15.12
商品销售总额	亿元	255.89
社会消费品零售总额	亿元	27.55
上海关区货物进出口商品总额	亿元	139.28
外商直接投资实际到位金额	万美元	5057
港口货物吞吐量	万吨	196.55
国际旅游入境人数	万人次	2.19
机场进出港旅客	万人次	27.18
市内公共交通客运量	万人次	1819.45
用电量	亿千瓦小时	3.85

上海虹桥火车站候车大厅

20 世纪 90 年代以后，上海发生了翻天覆地的变化，经济总量、城市功能、基础设施、城市综合竞争力等各方面都有显著提升，国民经济走上了持续、快速、健康的发展之路。

第三章

经济发展

新中国成立前夕，上海已成为我国金融、贸易和轻工业中心，是我国民族资本最集中的城市，但其经济具有明显的半殖民地性质。新中国成立后，上海从整顿经济秩序入手，明确把发展生产摆在城市各项工作的中心位置，使国民经济迅速得到发展。1953 年，上海开始了大规模的经济建设，国民经济总量迅速扩大，从根本上改变了半殖民地下发展起来的旧上海。虽然“大跃进时期”使上海经济增长出现了剧烈震荡，“十年动乱”又使上海国民经济遭到严重破坏，但改革开放以后，上海经济走出低谷，尤其是 20 世纪 90 年代以后，上海发生了翻天覆地的变化，经济总量、城市功能、基础设施、城市综合竞争力等各方面都有显著提升，国民经济走上了持续、快速、健康的发展之路。

综合实力

经济增长

1952年，上海生产总值仅为37亿元，经过26年的建设和发展，到1978年上海生产总值为272.81亿元，按可比价格计算，比1952年增长7.9倍，平均每年增长9.1%。改革开放以后，上海经济总量迅速扩大。尤其是从1992年到2007年，上海经济已连续16年保持两位数增长，经济增长率落差仅为4.9个百分点，是上海经济增长最快、波动最小的时期之一。2015年，上海实现生产总值24964.99亿元，按可比价格计算，比1990年增长12.7倍，平均每年增长10.7%。

上海市生产总值(GDP)及其增速

	亿 元	比上年增长(%)
1978	272.81	15.8
1990	781.66	3.5
1995	2499.43	14.3
2000	4771.17	11.0
2005	9247.66	11.4
2008	14069.87	9.7
2009	15046.45	8.2
2010	17165.98	10.3
2011	19195.69	8.2
2012	20181.72	7.5
2013	21818.15	7.7
2014	23567.70	7.0
2015	24964.99	6.9

经济实力

国际上通常用人均生产总值指标来衡量一个国家或地区综合经济实力的强弱。1978 年上海人均生产总值不到 1500 美元。随着改革开放的逐步深化，经济发展水平快速提高，上海人均生产总值不断跨越新台阶。按常住人口和当年汇率折算的上海人均生产总值，1998 年跃上 3000 美元台阶，2004 年突破 5000 美元，2009 年又跨越 10000 美元台阶。2015 年，上海人均生产总值达到 16560 美元。按照世界银行关于收入水平的划分标准，已相当于世界高收入国家或地区的水平。

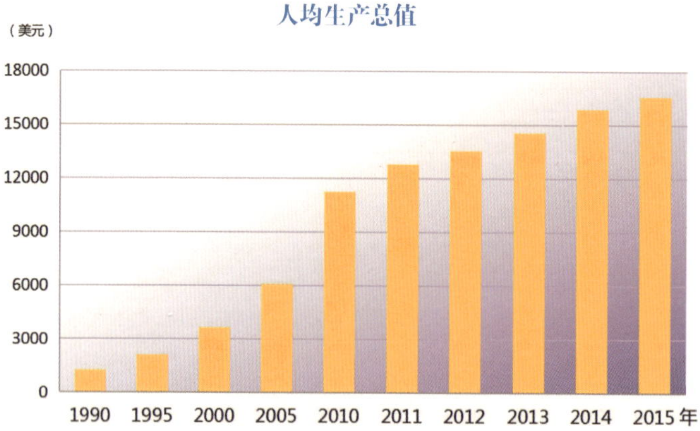

财政收入

随着总体经济的加快发展，上海财政收入规模不断扩大，地方政府财力日益壮大。1949 年，上海地方财政收入仅 0.08 亿元，1950 年为 1.09 亿元。60 多年来，财政收入增加了数万倍。2015 年，全市地方财政收入达到 5519.5 亿元，比 1990 年增长 32.1 倍，平均每年增长 14.4%。财政收入的增加，有效地提高了政府宏观调控能力，使上海集中力量发展经济的优势得到充分发挥。

主要年份地方财政收支情况

单位：亿元

年份	地方财政收入	地方财政支出
1978	169.22	26.01
1980	174.73	19.18
1985	184.23	46.07
1990	166.99	75.56
1995	227.30	267.89
2000	497.96	622.84
2005	1433.90	1660.32
2008	2382.34	2617.68
2009	2540.30	2989.65
2010	2873.58	3302.89
2011	3429.83	3914.88
2012	3743.71	4184.02
2013	4109.51	4582.61
2014	4585.55	4923.44
2015	5519.50	6191.56

经济结构

产业结构

1949年，上海三次产业的比例关系为7.2∶47.1∶45.7，虽然三产比重较高，但层次较低。新中国成立后，在长期“重生产、轻生活”思想的指导下，上海工业生产得到迅速发展，形成了经济功能单一的生产城市，第三产业发展受到抑制，占生产总值的比重不断下降。尤其是20世纪70年代，第三产业进入了严重的萎缩时期，比重降至不足20%，成为上海第三产业发展历史上的最低谷。改革开放以来，尤其是20世纪90年代以后，上海优先发展现代服务业和先进制造业，坚定不移地把产业结构调整作为主攻方向，加快形成以服务经济为主的产业结构，产业结构发生了根本性的变化，城市功能定位也成功地从改革开放初的全国性工业基地城市向开放型、国际化、服务功能齐备的经济中心城市转型。三次产业的结构比例从1978年的4∶77.4∶18.6调整为2015年的0.4∶31.8∶67.8，形成了二、三产业共同推动经济增长的格局。第三产业占GDP的比重提高了49.2个百分点。工业形成了以电子通讯、新材料为代表的高新技术产业和电子信息产品制造业、汽车制造业、石油化工及精细化工制造业、精品钢材制造业、成套设备制造业、生物医药制造业六个重点发展行业；以金融为主体、以贸易为

先导、以交通邮电为基础的第三产业内部行业均衡发展，现代物流、信息咨询、中介服务、旅游会展等社会服务业与房地产业迅速成长。2015年，第二产业实现增加值7940.69亿元，按可比价格计算，比1990年增长10.2倍，平均每年增长9.9%；第三产业实现增加值16914.52亿元，比1990年增长17.2倍，平均每年增长12%。其中批发和零售业、交通运输仓储和邮政业、金融业、房地产业等四大行业实现增加值占全市GDP的比重达到42.9%。

产业结构演变

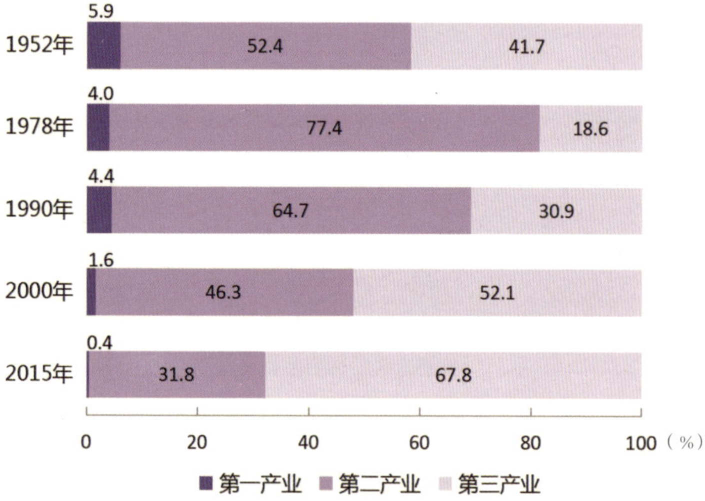

就业结构

新中国成立60多年来，随着人口的增长和经济的发展，上海从业人员就业结构发生重大变化，特别是20世纪90年代后，随着产业结构由适应性调整转向战略性调整，上海从业人员就业结构呈现加速向第三产业转移的特点。1990年与2015年比，第二产业从业人员由59.3%下降到33.8%，下降了25.5个百分点；第三产业从业人员比重则由29.6%上升到62.9%，上升了33.3个百分点，按行业分，农业、制造业从业人员主要向批发零售贸易业、金融保险业、房地产业、社会服务业为主的第三产业转移。金融保险业、房地产业、社会服务业从业人员增长最快。

从业人员情况

单位：万人

年份	从业人员	第一产业	第二产业	第三产业
1990	787.72	87.25	467.08	233.39
1995	794.19	78.25	432.57	283.37
2000	828.35	89.23	367.04	372.08
2005	969.24	61.02	411.24	496.98
2014	1365.63	44.81	476.87	843.95
2015	1361.51	46.01	459.74	855.76

投资结构

新中国成立以来，特别是改革开放以后，随着产业结构的调整，上海固定资产总量不断增加，投资结构进一步趋于合理。1952 年，上海全社会固定资产投资仅为 2 亿元，至 2001 年已扩大到 1994.73 亿元，增长了近千倍。1978–2015 年，上海固定资产投资总额达到 78566.45 亿元，而改革开放前 26 年的投资总和仅为 271.32 亿元。在投资总量不断扩张的同时，投资结构发生了重大变化。“七五”时期三次产业的投资比例为 2 ：58.5 ：39.5。“八五”时期开始，在“三、二、一”产业发展方针指导下，投资结构开始向第三产业倾斜，“八五”时期调整为 1.2 ：38.8 ：60，“九五”时期调整为 0.5 ：33.2 ：66.3，到 2015 年上海投资结构调整为 0.2 ：19.2 ：84.8。与此同时，投资主体结构发生变化，国有经济投资一统天下的格局被打破，外商、股份制经济投资比重不断扩大，成为投资建设新主体。1953–1978 年，国有经济投资占全市固定资产投资总额的 89.2%，1993 年下降到 64.1%，2015 年又降至 31.1%；外商及港澳台经济投资比重则由 1993 年的 9.4% 上升到 18.3%，股份制经济投资比重由 5% 上升到 33.4%。

全社会固定资产投资产业结构

单位：%

年份	第一产业	第二产业	第三产业
1990	1.4	58.6	40.00
2000	0.4	33.0	66.6
2010	0.3	27.0	72.7
2014	0.2	19.2	80.6
2015	0.1	15.1	84.8

全社会固定资产投资所有制结构

单位：%

年份	国有经济	非国有经济
1990	84.7	15.3
2000	44.4	55.6
2010	42.0	58.0
2012	35.3	64.7
2014	29.9	70.1
2015	31.1	68.9

现代工业

上海近代工业已经有150年的发展史，但新中国成立前的上海工业基础薄弱，结构畸形。1949年，上海工业总产值仅为30多亿元，其中轻工业占九成左右，重工业比重很小，全市有工业企业2万多户，其中大中型企业仅46家，绝大多数是资金少、规模小、设备简陋的小厂。新中国成立60多年来，上海工业历经几次大的调整和重组，通过大规模的技术改造和项目建设，已逐步将一个结构畸形、发展缓慢的旧上海工业，改造建设成为工业生产门类齐全、轻重工业同步发展、生产技术和设备先进、综合配套能力强的工业生产体系，并成为全国重要的工业基地。代表先进性制造业发展方向的战略性新兴产业制造业、高技术制造业等加快发展，对工业生产的发展起到了积极作用。

工业产值

上海光源鹦鹉螺造型大楼

20世纪90年代以来，上海工业加快“在发展中调整”，形成了支柱产业、高技术产业、都市型工业共同发展的新格局。进入21世纪，上海大力推进高新技术产业化，明确了新能源、民用航空制造业、先进重大装备制造业、生物医药、电子信息制造业、新能源汽车、海洋工程装备、新材料、软件和信息服务业等九大高新技术产业化推进的重点领域，努力形成下一轮产业发展的新亮点。2015年，上海实现工业增加值7109.94亿元，按可比价格计算，比1990年增长10.8倍，平均每年增长10.1%。2015年完成工业总产值33211.57亿元，按可比价格计算，比1990年增长18.9倍，平均每年增长12.4%。各种经济类型的工业竞相发展，形成了多种所有制经济共同发展的新格局。2015年与1990年相比，在全市规模以上工业总产值中，国有经济占全市规模以上工业总产值的比重由67.8%下降到3%，而外商及港澳台投资经济所占比重则由5.5%上升到60.7%。一批时代感强、科技含量高的工业产品产量快速增长。

2015 年主要工业产品产量比 2000 年增长

单位：%

产品名称	单位	产量	比 2000 年增长（%）
成品钢材	万吨	2202.72	42.6
发电量	亿千瓦时	792.70	43.3
发电设备	万千瓦	2080.69	10.6 倍
汽车	万辆	242.97	8.6 倍
移动通信基站设备	万信道	26.24	15.4 倍
乙烯	万吨	210.76	2.6 倍

重点发展行业

上海工业按照“有所为，有所不为”的指导思想，以建设面向新世纪的工业新高地为目标，培育和发展了技术含量高、附加值高、生产与管理手段先进、产品适应市场需要的六个重点发展工业行业，成为推动工业经济发展的重要支撑。2015 年，六个重点发展工业行业完成总产值 20964.36 亿元，占全市工业总产值的比重达到 66.9%，实现利润 1832.48 亿元，占全市工业企业利润总额的比重达到 68.4%。

电子信息产品制造业是 20 世纪 90 年代以来上海发展最快的工业行业之一，主要企业有上海贝尔公司、上海阿尔卡特光缆有限公司等，已形成数字程控交换机、光缆通信、无线通信、通信终端和通信配套器件等五大类产品。

新能源汽车发布

汽车制造业是以上海汽车工业(集团)总公司为核心的汽车制造业，主要企业有上海通用汽车有限公司、上海大众汽车有限公司、上海汇众汽车制造有限公司、上海汽车齿轮总厂、上海联合汽车电子有限公司等。主要生产和经营轿车、上海牌拖拉机等产品。

石油化工及精细化工制造业主要企业有上海石油化工股份公司、上海高桥石油化工公司、上海华谊(集团)公司等。上海氯碱行业拥有国内最大的氯碱企业，生产技术达到国际同类产品技术水平。轮胎行业生产技术、产品质量已达到国际水平。

精品钢材制造业：1998年11月，以宝钢集团公司为主，吸收上海冶金控股(集团)公司、上海梅山(集团)公司参加，联合重组为上海宝钢集团公司，开创了上海钢铁工业发展的新局面。

成套设备制造业主要企业是上海电气(集团)总公司。电站设备行业拥有生产成套火电设备和核电设备能力。电梯、冷冻设备、港口机械、数控机床、采矿设备等大型机械设备也都具有先进的技术水平。

医药制造业主要企业是上海医药(集团)公司，产品包括中成药、药品制剂和生物制品等。

2015年六个重点发展工业行业主要指标

行业	单位数（个）	平均从业人员（万人）	工业总产值（亿元）	主营业务收入（亿元）	利润总额（亿元）
总计	**3957**	**132.79**	**20964.36**	**23181.66**	**1832.48**
电子信息产品制造业	981	52.09	6285.13	6692.13	191.89
汽车制造业	522	22.88	5223.80	6574.19	1078.11
石油化工及精细化工制造业	658	12.08	3359.12	3520.91	204.36
精品钢材制造业	82	3.26	1152.91	1391.77	14.87
成套设备制造业	1349	33.22	4031.83	4070.74	208.93
生物医药制造业	365	9.26	911.56	931.92	134.32
六个重点发展工业行业占全市比重（%）	44.0	56.9	66.9	67.8	68.4

高技术产业

以电子信息、新材料等为代表的高技术产业的大力发展，迅速改变着上海工业的产品结构和技术结构，使上海工业从过去主要依靠传统产业逐步转向主要依靠重点发展行业和高新技术产业。2015年，上海高技术产业完成总产值由1997年的870.97亿元增加到6809.93亿元，占全市工业总产值的比重由15.4%提高到21.7%。

高技术产业主要指标

指标	1997年		2015年	
	绝对值	比重（%）	绝对值	比重（%）
工业总产值（亿元）	870.97	15.4	6809.93	21.7
年末资产总计	1104.37	13.4	5996.53	16.1
利润总额	86.50	36.1	284.99	10.6
税金总额	50.91	18.6	42.32	2.1

中国商用飞机有限责任公司研制的 ARJ21-700 新支线飞机正式下线

战略性新兴制造业

近年来，为提升制造业核心竞争力，上海按照中央提出的关于战略性新兴产业的战略部署，加快培育战略性新兴制造业。大飞机、新型显示、高端医疗器械、光刻机等一批重大项目进展顺利，新一代无线移动宽带网、重大新药创制等国家科技重大专项取得新突破。2015 年，上海战略性新兴制造业实现工业总产值 8064.12 亿元，占规模以上工业总产值的比重达到 25.7%。其中生物医药实现工业总产值 904.89 亿元，比上年增长 2.0%；新能源汽车 91.88 亿元，增长 31.5%；新材料 1966.85 亿元，增长 1.6%。

张江高新技术开发区被国务院命名为“国家自主创新示范区”

工业布局

新中国成立后较长一段时期内，上海工业主要集中在市区，布局极不合理。进入 20 世纪 90 年代后，按照上海新的城市规划布局要求以及工业“增量集中，存量优化”的原则，稳步实施“退二进三”战略，市区工业有序地向郊区转移，初步形成了“三环”工业布局，即市中心内环线以内主要发展第三产业和都市型工业，内外环线之间重点发展高科技含量、高附加值的产业及配套工业，外环线以外发展汽车、石油化工、钢铁等重化工产业。工业布局得到优化。

E 仓——上海创意园区

都市型工业

为适应工业布局结构的调整，上海中心城区因地制宜，加快发展无污染、占地少的轻型化且具有特色的都市型工业。如徐汇区的电子信息、生物医药业，虹口区的箱包业，黄浦区的旅游及纪念品，普陀区的印刷包装业等。通过市区联手、条块结合，全市 8 个中心城区利用工业存量房地产，引进电子产品加工、软件开发、广告印刷、食品加工、钻石工艺等创业型、科技型企业的都市型工业企业。统计资料表明，2015 年末，上海都市型工业企业单位数达 1809 家，从业人员 42.96 万人，当年完成工业总产值 3526.79 亿元，年末资产总计 3572.86 亿元，主营业务收入 3893.98 亿元。与 2000 年相比，都市型工业企业数、就业人员均大幅下降，但创造的产出指标成倍增加，人均产出效益翻了几番。

都市型工业企业主要指标

指标	2000 年	2015 年
单位数（个）	5655	1809
从业人员（万人）	64.91	42.96
工业总产值（亿元）	1130.99	3526.79
年末资产总计	1291.78	3572.86
主营业务收入	43.83	3893.98

都市农业

上海郊区由于拥有优越的土壤、气候、水利等自然条件，农副产品十分丰富，素有“鱼米之乡”的美称。目前上海拥有耕地20万公顷左右，其中水田5万公顷左右，旱田15万公顷左右。主要农副产品有稻、麦、玉米、棉花、油菜、蔬菜、水果、猪、鸡、鸭、羊、鲜蛋、牛奶等以及各类水产品。上海郊区不仅是我国闻名的农业高产稳产地区，也是为城市服务的综合性副食品基地和农副产品出口创汇基地。

农业经济

新中国成立初期，上海郊区农业生产条件落后，生产力水平低。1949年，粮食生产量为70.19万吨，棉花1.32万吨，油菜籽1.65万吨。新中国成立后，党和政府不断加大农业投入，农业生产条件得到了很大改善，生产力水平有了较大提高。经过几十年的发展，尤其是改革开放以来，上海郊区通过制度创新、资源优化配置，社会主义新农村建设不断加快，农业结构调整成效显著，现代都市型农业加快发展。2015年，农业总产值达到302.62亿元，增长29.2%，平均每年增长1.2%。其中，种植业162.04亿元，比1990年增长84.3%；林业12.15亿元，增长7.7%；渔业51.79亿元，增长1.2倍。

农业产值

单位：亿元

年份	农业总产值	种植业	林业	牧业	渔业	农林牧渔服务业
1978	18.26	13.49	0.06	3.67	0.86	
1990	68.16	29.09	0.37	30.25	8.04	
2000	216.50	89.81	1.41	87.35	38.92	
2009	283.15	147.53	8.99	64.61	53.53	8.49
2010	287.03	155.27	7.53	62.90	52.62	8.71
2011	314.58	165.07	7.62	77.44	54.72	9.73
2012	321.73	171.48	9.55	72.59	57.45	10.66
2013	323.48	172.28	9.65	69.97	59.89	11.69
2014	322.22	169.51	8.78	69.93	62.50	11.50
2015	302.62	162.04	12.15	65.61	51.79	11.03

特色农业

上海积极调整农产品种植结构，调减传统农业种植比例，大力发展高产、优质、高效农业和特色农业。粮食作物和经济作物的播种面积比例已从 20 世纪 90 年代初的 66.1：33.9 调整到 2014 年的 45.9：54.1，2003 年，上海粮食总产量 98.75 万吨，降至改革开放以来的最低水平。目前，粮食产量稳定在 120 万吨左右。与此同时，为满足城乡居民对农副产品数量与质量的要求，丰富农副产品消费市场，上海郊区大力发展特色农业，不断扩大名特优农副产品生产。建成了一批以市场为导向的特色农业生产基地。如：南汇的优质水蜜桃和西甜瓜生产基地；松江、青浦的肉禽生产基地；奉贤的黄桃、草莓生产基地；崇明的虾、蟹、鳗生产基地；嘉定的葡萄生产基地以及肉鸽、鸵鸟等珍稀养殖生产基地；宝山的柑橘生产基地等。2015 年，郊区桃子产量 7.89 万吨，葡萄产量 9.84 万吨，草莓产量 2.21 万吨，猕猴桃产量 1720 吨，肉鸽产量 869.28 万只，中华绒毛蟹产量 1.26 万吨。

农牧业特色种养产品产量

指标	2000 年	2015 年
桃（万吨）	7.24	7.89
葡萄（万吨）	2.31	9.84
草莓（万吨）	4.27	2.21
弥猴桃（吨）	382.00	1720
肉鸽（万只）	970.87	869.28
中华绒毛蟹（万吨）	1.50	1.26

农副产品生产

上海农副产品生产向良种化和优质化方向发展，蔬菜、肉类、家禽、牛奶、水产品等主要农副产品产量稳定增长。2015 年，粮食产量达 112.08 万吨，比 2000 年下降 35.6%；蔬菜 349.35 万吨，下降 7.3；园林水果产量达 32.76 万吨，增长 45.3%；水产品产量达 29.16 万吨，增长 1%。至年末，上海有 7590 个产品获得“三品一标”农产品认证。其中，无公害农产品 7289 个，绿色食品 275 个。在满足国内市场需求的同时，面向世界拓展新空间，大力发展科技含量和附加值高的出口农产品。2015 年初级农产品出口总额 10.77 亿元，比 2000 年增长 36.7%。出口商品涉及蔬菜、花卉、食用菌、水果、特种水产、优质畜禽加工等，销往日本、韩国、东南亚、美国、欧洲等国家和地区。

主要年份农产品出口情况

单位：亿元

指标	2000 年	2010 年	2013 年	2015 年
农产品出口总额	**7.88**	**11.28**	**12.71**	**10.77**
种植业产品	0.63	2.30	1.94	1.23
牧业产品	1.71	0.16	0.18	0.13
渔业产品	5.55	8.41	10.50	9.29
农产品直接出口总额	**6.82**	**9.50**	**11.13**	**9.33**
种植业产品	0.47	1.27	0.97	0.43
牧业产品	0.99	0.07	0.18	0.13
渔业产品	5.37	7.79	9.89	8.64
主要出口产品				
蔬菜	0.19	2.03	1.16	0.22
生猪	0.63	0.16	0.18	0.13
水产品	5.55	8.41	10.50	9.29
海水产品	5.29	7.37	9.36	8.12
淡水产品	0.26	1.04	1.14	1.17

农业综合开发

进入 20 世纪 90 年代后，上海现代化都市型农业建设步伐加快，一大批具有喷灌、滴灌、排涝、无土栽培以及控制温、光、湿、肥的现代化农业设施不断出现、农业生产新技术应用范围不断扩大，逐步形成了规模农业、产加销一体化农业。至 2015 年末，上海农机总动力达到 119.01 万千瓦，比 2010 年增长 14.3%；建成设施粮田 8.65 万公顷，市级蔬菜标准园 150 家，标准化畜禽养殖场 317 家，标准化水产养殖场 270 家。全市拥有各类农民专业合作社 6302 家，农业产业化龙头企业 387 家。农业科技水平的普及和提高，使农业综合开发力度不断加大，为上海农业实现高产、稳产奠定了良好的基础。松江区推行的家庭农场经营模式得到了中央和国务院的充分肯定。

服务经济

现代航运

上海航运基础设施建设发展迅速，港口吞吐能力大幅提升，集疏运体系不断完善，公路建设进展顺利，航空枢纽建设取得重大突破，航运服务业得到进一步发展。2015 年，上海现代航运服务业营业收入 7192.89 亿元，比上年增长 1.7%。货物运输总量 91239 万吨，比 1990 年增长 3 倍；完成旅客发送量 18571 万人次，增长 3.8 倍。

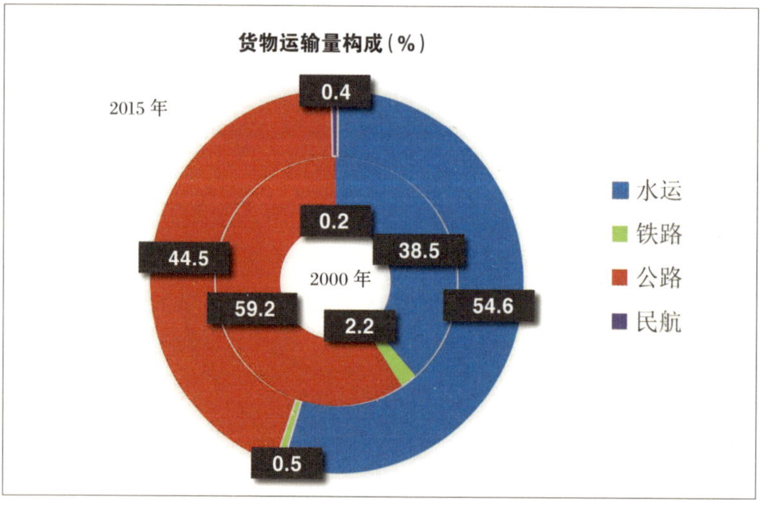

铁路运输

上海是沪宁、沪杭铁路干线的汇合点，是连接南北铁路交通的交汇点，在全国起着重要的交通枢纽作用。为了适应社会发展的需要，上海铁路局通过对铁路上海站进行多次改扩建、更新运输设备、延长营业线路、提高复线率，使铁路路网结构布局更趋合理。上海南站、上海虹桥火车站先后建成并投入运营，使上海的旅客接送能力大幅提高。2015 年，上海铁路运营里程 456.39 公里，比 2000 年增长 77.6%。全年上海铁路完成货物运输量 471 万吨，比 1990 年下降 62.5%；完成旅客发送量 9692 万人次，增长 2.9 倍。

上海虹桥火车站动车

公路运输

随着公路网的不断完善，高等级高速公路加快延伸，长途公路客运和货运已经成为上海与各省市联系的重要交通运输方式之一，公路运输量在经历了“八五”时期连续下降以后，重新出现了稳定增长的态势，市场份额扩大。2015 年末，上海公路网通车里程 13195 公里，其中高速公路 825 公里。营运汽车拥有量 23.9 万辆，其中载客汽车 2.72 万辆，客位数 56.74 万个；载货汽车 21.18 万辆，吨位数 228.21 万吨。全年完成公路货运量 4.06 亿吨，占全市货物运输总量的比重由 1990 年的 38.1% 提高到 44.5%；公路旅客发送量 3766 万人次，占旅客发送量的比重由 1990 年的 15.8% 提高到 20.3%。

水上运输

改革开放初期，上海只有 3 家航运公司从事沿海、远洋运输，而且都是由国家投资、归口交通部领导的航运企业。1983 年以后，随着对外开放的不断扩大，外贸进出口业务快速增长，上海出现了许多地方航运公司，水路运输量也逐步提高。2015 年，水路货运量完成 49770 万吨，旅客发送量 113 万人次。

上海远洋运输起步较早，但发展较快是在进入 20 世纪 80 年代以后。至 2015 年末，上海拥有万吨级深水位 174 个，比 2000 年增加 63 个；国际集装箱泊位 42 个，增加 24 个。1984 年，上海港口货物吞吐量首次突破 1 亿吨，进入世界亿吨大港行列。近年来，随着东海大桥建成后，洋山深水港区、外高桥工程相继投入使用，连通江浙的高等级内河航道网络初步形成。上海港国际客运中心建成并投入使用，吴淞口国际邮轮码头建设基本完成。2015 年上海港货物吞吐量达到 71740 万吨。1997 年，中远集装箱运输有限公司和中国海运（集团）公司总部进驻上海，集装箱运输能力显著增强，成为我国最大的水运集装箱港口之一。2015 年完成集装箱吞吐量 3653.7 万国际标准箱，连续六年位居全球第一。国际著名航运企业云集上海，全球排名前 20 的班轮公司均有分支机构入驻上海。

洋山保税区是集装箱枢纽港口

黄浦江上的邮轮

邮轮经济

近些年来，上海邮轮经济呈现良好的发展势头，每年访沪的邮轮艘次与乘坐邮轮来沪的邮轮乘客快速增长。同时，长三角地区经济持续高速增长，也为上海邮轮经济发展提供了有力保障。2015 年，上海港接待邮轮靠泊 341 艘次，比 2012 年增加 161 艘次。其中，以上海为母港的邮轮 317 艘次，增加 189 艘次。邮轮旅客吞吐量 164.26 万人次，比 2012 年增加 129.23 万人次。其中，以上海为母港的旅客吞吐量 159.53 万人，增加 133.95 万人。

民用航空

改革开放初期，上海民航事业处于政府、航空公司、机场三位一体与政企合一的状态。1985 年采取股份制形式组建了国内第一家地方航空公司——上海航空公司，1987 年我国民航进行全面的管理体制改革，实行政企分开，成立了民航华东管理局，航空运输业务部门和机场作为企业独立经营。1988 年上海虹桥国际机场、东方航空公司相继宣告成立，1999 年浦东国际机场正式启用，共同构筑起多功能、多层次的航空服务网络，是中国大陆首座同时拥有两个国际机场的城市。目前，上海与日本、美国、英国、加拿大等 200 多个国家(地区)的城市通航；上海至全国各省、市、自治区和香港、澳门特别行政区都有民航航班。2015 年，上海浦东、虹桥两大国际机场全年共起降航班 70.58 万架次，进出港旅客达到 9918.9 万人次。

磁浮列车与浦东国际机场

上海市区内轨道交通发达，人民广场的入口与周边环境融合在一起。

城市交通

1949年，上海仅有公交线路44条，公交线路总长度352公里，公共汽、电车934辆，平均每天载客66万人次。20世纪90年代以来，上海城市公交坚持公交优先的原则，使快速、便捷、经济的公共交通成为市民出行的主要方式。至2015年末，上海有公交线路长度24027公里，比2000年增加767公里；公交线路1429条，增加454条；运营公交车辆1.65万辆，减少0.14万辆。市内公共交通客运总量达到25.49亿人次，减少1亿人次。交通硬件设施不断改善，一批性能优良、新颖美观的公交车驶上街头。出租车运营市场经过整合，至2015年末，上海共有运营出租汽车单位3113个，比2002年增加1935个；运营出租汽车49586辆，比2000年增长15.5%；运营里程60.85亿公里，增长30.9%；运营收入166.3亿元，增长1.2倍。

上海轨道交通网络发达，是国内拥有最多轨交线路的城市。2015年，轨道交通运营线路15条，运营线路长度从2002年的63公里增加到617.53公里，客运量30.68亿人次，日均客运量841万人次。到2020年，上海开通运营的地铁线路将达到800公里，一批未被轨交覆盖的区域将通上地铁。

公共交通运营情况

指标	单位	2000 年	2010 年	2013 年	2014 年	2015 年
公交运营线路条数	条	978	1165	1338	1377	1429
公交运营线路长度	公里	23260	23131	23824	23897	24027
公交运营车辆数	辆	17939	17455	16717	16155	16531
公交客运总量	亿人次	26.49	28.08	27.10	26.65	25.49
出租汽车运营车辆	辆	42943	50007	50612	50738	49586
出租汽车载客车次	万次	37599.00	63306.89	59571.00	57238.00	53974
轨道交通线路	条		12	15	15	15
轨道交通运营线路长度	公里	62.92	452.57	567.42	577.55	617.53
轨道交通客运总量	亿人次	1.36	18.84	250628	282727	306798

轨道交通线：上海轨道交通 1 号线从莘庄至富锦路；2 号线从徐泾东至浦东机场；3 号线从上海南站至江杨北路；4 号线为环线，设内圈（宜山路—上海火车站—世纪大道—宜山路）、外圈（宜山路—世纪大道—上海火车站—宜山路）运行；5 号线与 1 号线在莘庄对接，从莘庄至闵行开发区；6 号线从港城路至东方体育中心；7 号线从美兰湖至花木路；8 号线从市光路至沈杜公路；9 号线从松江南站至杨高中路；10 号线主线从新江湾城至虹桥火车站，支线从新江湾城至航中路；11 号线主线从迪士尼（暂未开通）至嘉定北，支线从迪士尼（暂未开通）至花桥；12 号线从浦东金海路至七莘路站；13 号线从世博大道至长寿路；16 号线从龙阳站至滴水湖。

磁浮列车示范线：2002 年 12 月开始运营的上海磁浮列车示范线是世界上第一条正式投入商业运营的高速磁浮铁路，也是中国第一条集城市交通、观光、旅游于一体的高速交通线。该示范线全长约 30 公里，单线运行时间为 7 分钟。

邮电通信业

上海是我国最早兴办近代邮电的城市，但“通信难”曾是长期阻碍上海社会经济发展的瓶颈。新中国成立后，上海邮电通信事业发展迅速，已建立了以光缆为主干的电话传输网，长途电话全面实现程控交换和数字传输。

电信业务

电信服务能力进一步提高。目前，上海长途光缆线路总长度达到 4758 公里，国际长途电话已实现全球通。2015 年，上海电信业务总量达到 780.32 亿元，比 2005 年增长 1.1 倍。固定电话用户 797.29 万户，其中住宅电话 461.52 万户；移动电话用户 3259.93 万户，比 2005 年增加 1815.73 万户。移动电话用户中，第三、第四代移动通信技术用户总数达到 2211.28 万户，比上年增加 547.13 万户。国际互联网业务发展迅速。移动互联网用户 2569.3 万户，比 2010 年增加 1214.3 万户。

邮政业务

上海邮政业务已形成了由邮件转运站、邮政重件处理中心和国际邮件交接站组成的新的邮政枢纽，机械化程度显著提高。邮运调度、邮运分拣、邮政储蓄等实行了计算机作业，邮政技术装备已接近国际上发达城市的水平。2015 年，全市完成邮政业务总量 385.75 亿元，比 2000 年增长 16.2 倍；完成国内特快专递 16.58 亿件，增长 232.5 倍，国际及港澳台特快专递 4999.71 万件，增长 95 倍。

国内商业

上海曾是远东最大的商业贸易中心。新中国成立后，上海作为连接生产与消费、工业与农业、城市与乡村的纽带和桥梁，在繁荣市场、稳定物价、促进生产、满足消费等方面发挥了重要作用。改革开放以后，上海商品流通体制由计划管理模式向市场调节机制转变，商业业态由单一性向多元化方向发展，商业经营方式由传统型向现代型转变。消费品市场繁荣活跃，呈现出勃勃生机，基本实现了商业流通市场化、商业经营集约化，初步形成了国际化商业大都市的格局。新兴商业业态和新兴商业模式加快发展，电子商务交易额不断跨越新台阶，使国际贸易中心建设的集聚辐射效应不断凸显。随着中国（上海）自由贸易试验区建设的推进，上海将成为中国加快服务贸易开放的“桥头堡”，国际贸易中心功能将进一步强化。

梅（梅陇镇）泰（中信泰富）恒（恒隆）金三角

社会消费品零售总额构成

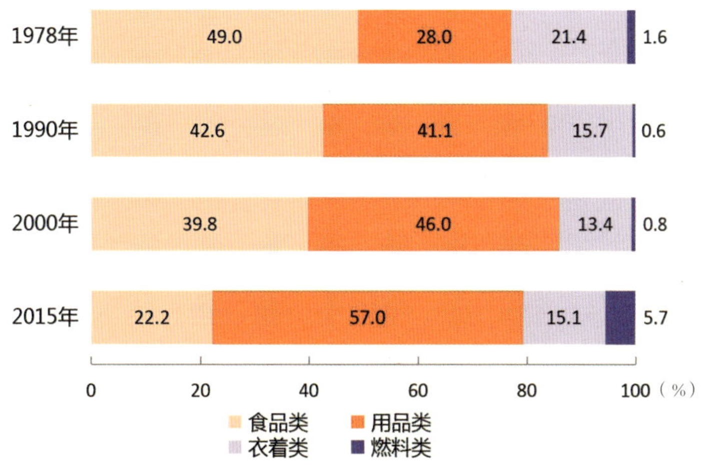

消费品市场

新中国成立以来，上海社会消费品零售总额不断实现新的跨越。1950年，上海社会消费品零售总额仅为15亿元，2015年达到10131.5亿元，比1990年增长29.3倍，平均每年增长14.1%。从消费品市场的商品结构来看，吃、穿、用、烧各类消费品零售额全面上升，消费品结构也发生显著变化。2015年与1990年相比，食品类商品零售增长14.8倍，衣着类商品增长28.3倍，用品类商品增长41倍。与此同时，用品类商品占消费品零售额的比重由41.1%上升到57%，而衣着类商品所占比重由15.7%下降到15.1%，食品类商品所占比重由42.6%下降到22.2%。比重大小排序由吃、用、穿、烧变化为用、吃、穿、烧。消费品市场商品结构不断升级，消费热点提升。科技含量高、时代感强的家电、通信等耐用消费品成为新的消费主导。

上海积极推动股份制、个体和私营商业企业的发展，多种所有制商业呈现共同发展的局面。2015年，国有经济占社会消费品零售总额的比重为5.4%，集体经济占0.4%，私营经济占20%，个体经济占13.7%。

商业经营方式

改革开放以来，上海加快商业经营业态与经营方式的创新，大力发展多种商业业态，形成以商业集团为龙头、多种商业业态共同发展的格局。以连锁超市为代表的新型业态显示出较强的市场竞争力。自 1991 年联华超市成立后，各类连锁经营的超市、便利店、快餐店、专卖店以及大卖场、购物中心相继涌现。2015 年，专业店实现零售额 1069.75 亿元，占社会消费品零售总额的 10.6%；专卖店实现零售额 1860.84 亿元，占 18.59%。经营方式的变革，促进了商业新业态的发展，仓储式超市、大型综合超市、网上购物、邮购、电话导购和无店铺销售等新型业态迅速发展。2015 年，在限额以上零售企业中，无店铺商店实现零售额 1250.6 亿元，比上年增长 26.9%。其中，电视购物 83.44 亿元，增长 0.8%；网上商店零售额 750.21 亿元，增长 33.6%。完成电子商务交易额 16452 亿元，比上年增长 21.4%。

各大国际连锁超市入驻上海

南京西路

商业布局

上海商业网点根据城市建设的布局和人民生活方式的变化不断扩充和调整，基本适应了城市规模扩大和中心城区居民向外扩散的需要，在中心城内，基本形成“市级、地区级、社区级”三级商业中心体系，在中心城以外地区，基本形成“新城、新市镇（社区）、中心村”三级商业网点体系。目前，上海有南京东路、南京西路、淮海中路、四川北路、徐家汇、张杨路、豫园商城、五角场、新客站不夜城、中山公园、虹桥、中环等商业中心。批发零售贸易业、餐饮业从业人员超过 290 万人。继南京路步行街开通，上海又开发了青海路、吴江路、雁荡路 3 条步行街和 40 多条专业特色商业街。社区商业建设加快。华联社区商业中心、新天地休闲商业、易购超便利连锁加盟体系等一批充分利用上海独特历史人文环境和地理区位优势的商业新业态进入社区，广受欢迎。

金融业

上海是我国金融业对外开放最早、开放程度最高的城市之一，已形成以国有商业银行为主体，银行、非银行金融机构、外资金融机构共同发展的金融机构群体。2015 年，上海金融业实现增加值 4052.23 亿元，占全市生产总值的比重达到 16.2%，比 1990 年提高 6.8 个百分点。

金融机构加快集聚。至 2015 年末，上海共有各类金融单位达到 1430 家。其中，货币金融服务单位 618 家；资本市场服务单位 350 家。金融开放程度不断加大。美国银行、恒生银行、汇丰银行、香港渣打银行等外资银行入驻上海。至年末，在沪经营性外资金融单位达到 230 家。

上海存贷款规模扩大。2015 年末，在沪中外资金融机构本外币存款余额 103760.6 亿元，比年初增加 13328.75 亿元；贷款余额 53387.21 亿元，比年初增加 4880.58 亿元。

在金融改革的推动下，上海保险业得到蓬勃发展。1992 年 9

上海期货交易所交易大厅

月，上海作为我国保险市场对外开放的城市，成立了第一家外资保险公司。至 2015 年末，保险业单位 382 家。2015 年，上海原保险保费收入 1125.16 亿元，比 2000 年增长 7.8 倍。其中，财产险公司原保险保费收入 355.40 亿元，增长 9.1 倍。全年保险赔付支出 473.59 亿元，增长 12 倍。

金融市场体系不断完善。由证券市场、同业拆借市场、外汇市场、保险市场、商品期货市场等构成的比较健全的全国性金融市场体系，已在上海初步形成。2015 年，上海金融市场交易额达到 1462.73 万亿元。上海证券市场各类证券成交额由 1991 年的 46 亿元增加至 2015 年的 266.37 万亿元；已上市股票数由 8 只增加至 1125 只。上海期货交易所各品种总成交金额 63.56 万亿元；中国金融期货交易所总成交金额 417.76 万亿元；银行间市场总成交金额 704.26 万亿元；上海黄金交易所总成交金额 10.78 万亿元。近年来，上海成功推出国债期货、沥青期货、黄金交易基金等一系列金融产品。金砖国家新开发银行正式开业，人民币跨境支付系统一期建成运行，上证 50ETF 期权等一批金融创新产品挂牌交易，使金融市场国际化步伐加快，金融中心的国际影响力不断提升。

房地产业

随着城市建设的快速发展以及城镇住房制度改革的深化，上海房地产市场开发投资较快增长、建设资金较为充裕、市场需求较为旺盛。2015 年，上海完成房地产业增加值 1696.02 亿元，占上海市生产总值的比重为 6.8%，比 2001 年提高 0.5 个百分点。在国家关于房地产市场的宏观调控下，上海房地产市场发展更趋健康、稳定。2015 年，全市完成房地产开发投资 3468.94 亿元，比上年增长 8.2%；商品房施工面积 15095.33 万平方米，增长 2.8%；竣工面积 2647.18 万平方米，增长 14.4%；销售面积 2431.36 万平方米，增长 16.6%。其中，商品住宅销售面积 2009.17 万平方米，下降 11.7%。

旅游产业

上海是国际著名的旅游城市，也是一座历史悠久的文化城市，迄今仍保留着我国唐、宋、元、明、清以来的若干古迹和富有特色的园林，外滩的“万国建筑”更是名闻海内外，而 20 世纪以来不断落成的现代化标志性建筑更为上海增添了国际大都市的迷人景象，上海的旅游吸引力不断增加，被命名为首批中国优秀旅游城市。2015 年，上海旅游产业实现增加值 1535.64 亿元，占上海市生产总值的比重为 6.2%，比 1998 年提高 1.5 个百分点。全年接待由上海入境的境外旅游者 800.16 万人次，比 2000 年增长 3.4 倍。其中入境外国人 614.64 万人次，增长 3.4 倍；港、澳、台同胞 185.52 万人次，增长 3.9 倍。国际旅游外汇收入 59.6 亿美元，增长 2.7 倍。全年接待外省市来沪旅游的人数 21922 万人次，增长 3.4 倍。国内旅游收入 3004.73 亿元，比 2001 年增长2.6倍。至2015年末，全市星级饭店已发展至247家，标准客房 6.12 万间；旅行社 1276 家，其中经营出境旅游业务的旅行社 134 家。旅游配套功能不断完善。年末已建立旅游集散中心 4 个，旅游咨询服务中心 49 个。初步形成了与国际化旅游城市接轨、为海内外游客服务的公共信息服务设施网络。

2015 年旅游设施情况

指 标	单位	绝对值
星级宾馆	**家**	**247**
五星级	家	68
四星级	家	66
旅行社	**家**	**1276**
经营出境旅游业务的旅行社	家	134
A 级旅游景区（点）	**个**	**98**
5A 级景区（点）	个	3
4A 级景区（点）	个	51
红色旅游基地	**个**	**34**
全国红色旅游基地	个	9
旅游咨询服务中心	**个**	**49**
旅游集散中心站点	**个**	**4**

会展业

随着城市综合服务功能的不断增加，上海举办国际性会展的配套服务设施日益齐全，举办国际性会展的组织能力不断提高，在上海举办的国际性会展显著增加。2015 年上海共举办各类展览项目 851 个，总展出面积 1512.98 万平方米。其中，国际展览会项目 292 个，展出面积 1124.06 万平方米。为国际会展与旅游提供居住服务的星级宾馆不断增多。至 2015 年末，247 家星级宾馆中，五星级宾馆 68 家，四星级宾馆 66 家。

信息产业

近十多年来，上海全面推进信息化发展，智慧城市建设取得新进展。2015 年，信息产业实现增加值 2747.64 亿元，占上海市生产总值的比重达到 11%，比重比 1998 年提高 5.4 个百分点；其中，信息服务业增加值 1753.49 亿元，占信息产业增加值的比重为 6.4%，提高 3.8 个百分点。

信息基础设施

随着信息化时代的到来，信息基础设施的现代化建设取得了突飞猛进的发展。基本形成了高带宽、高速率、功能比较完善的信息港主体工程，宽带城市、无线城市加快建设，智慧社区、智慧园区建设有序推进。郊区有线电视“千村通”工程和宽带上网、IP 电话等技术设施建设完成。至 2015 年末，城市公共区域 WLAN 接入热点累计达 14.2 万个；各类

浦东陆家嘴光纤施工现场

互联网数据中心（IDC）机架总量达 6 万个，比上年增加 1.9 万个；交互式网络电视（IPTV）用户达 177 万户，减少 23 万户；光纤到户能力覆盖家庭数达到 910 万户，增加 69 万户；实际光纤用户达 454.9 万户，增加 45.7 万户。第四代移动通信（4G）网络基本全覆盖。年末，第三、第四代移动通信技术用户总数达到 2211.3 万户，比上年增加 547.1 万户。

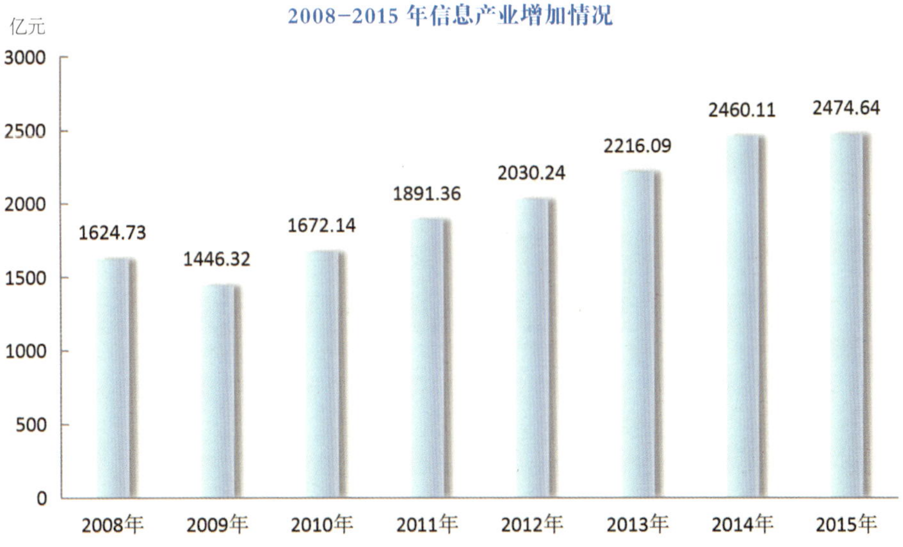

信息技术应用

随着信息化基础设施建设的推进，信息技术应用范围不断扩大。“中国上海”门户网站于 2002 年 1 月 1 日正式开通运行（域名：www.shanghai.gov.cn），政府部门实现政务公开信息上网。社会公共服务领域信息化建设不断深化。公共信用信息服务平台面向政府部门和信息主体开通试运行。2015 年，全市完成电子商务交易额 16452 亿元，比上年增长 21.4%。其中，B2B 交易额 12312 亿元，增长 15.7%，占电子商务交易额的 74.8%；网络购物交易量 4140 亿元，增长 42.6%，占 25.2%。全年口岸税费电子支付系统电子单证传输量 27015 万张，实现电子支付金额 1.24 万亿元，比上年下降 2.7%。至年末，共有 120 万家单位持有效法人数字证书“一证通”153 万张。超级计算应用领域涉及气象预报、基因研究、药物设计与开发、生命科学、汽车设计与制造、环境保护、新材料等多个领域。

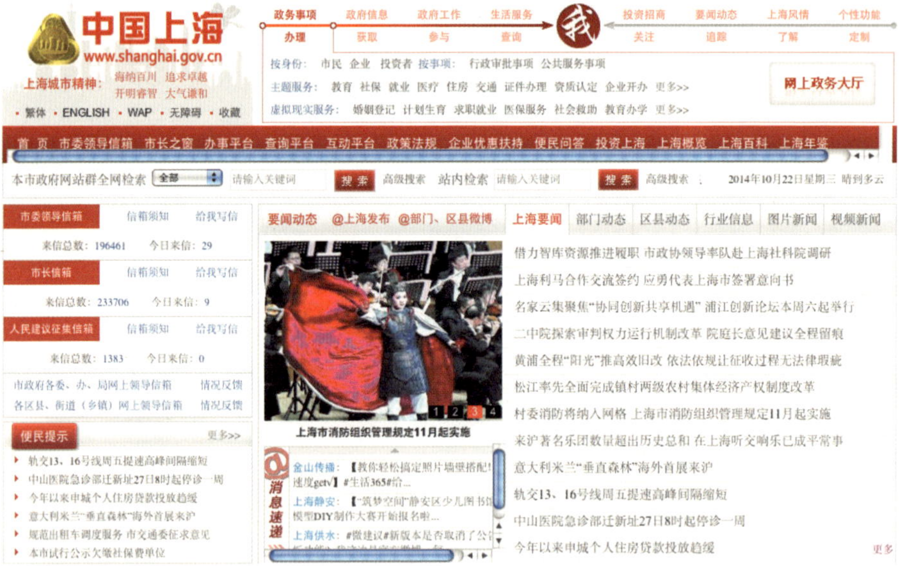

“中国上海”门户网站首页截图

对外开放

从新中国成立初期到改革开放前，在对外经济上，上海基本上处于闭关自守的状态。改革开放以来，上海经济格局由封闭、半封闭，逐步向开放式、外向型转变，基本形成了服务全国、面向世界的多领域、多形式、全方位、开放型经济格局。近年来，上海积极应对国际经济形势的新变化，对外开放进一步扩大。以开展跨区域“大通关”合作为重点，不断增强口岸服务辐射功能。开展部市合作，拓展服务贸易。优化外商投资环境，加大对总部经济发展的政策支持力度。企业对外投资增长加快，“走出去”保持良好态势。

上海市进、出口总额

年份	进口总额（亿美元）	出口总额（亿美元）
2008	1527.88	1693.50
2009	1358.17	1419.14
2010	1880.85	1807.84
2011	2276.47	2097.89
2012	2299.51	2068.07
2013	2371.54	2042.44
2014	2563.45	2102.77
2015	2547.64	1969.69

对外贸易

改革开放前，上海对外贸易一直由外贸专业公司独家经营。20 世纪 70 年代平均每年进出口额为 20 多亿美元。改革开放以后，上海外贸体制改革逐步推进，外贸专业公司独家垄断经营局面被打破，在积极探索工贸结合、工贸联营、发展横向出口贸易联系的基础上，组建大型外贸企业集团，发展中外合资贸易公司，并逐步扩大企业自主出口权，促进了对外贸易的发展。2015 年，上海市货物进出口总额 4517.33 亿美元，比 1990 年增长 59.8 倍。其中进口总额 2547.64 亿美元，增长 119.7 倍；出口总额 1969.69 亿美元，增长 36 倍。

外商投资企业凭借其健全的国际营销网络、雄厚的资金实力和较强的市场应变能力，出口实现较快增长。2015 年完成货物出口 1320.55 亿美元，比 2000 年增长 8.7 倍，占外贸出口总额的比重由 56.2% 提高到 67%。

出口结构不断改善，科技含量较高的出口产品竞争力增强。2015 年机电产品出口 1380.30 亿美元，比 2000 年增长 64.5%，占全市外贸出口总额的比重由 47.9% 提高到 70.1%。高新技术产品出口 861.55 亿美元，占全市外贸出口总额的比重由 2000 年的 19% 提高到 43.7%。

外贸出口市场日益多元化。新中国成立初期，上海仅与世界上 30 多个国家与地区有进出口贸易，目前上海已与世界上 200 多个国家和地区建立了贸易合作关系。2015 年，上海对欧洲出口 387.61 亿美元，比 2000 年增长 7.5 倍；对美国出口 455.75 亿美元，增长 7.1 倍；对大洋洲及太平洋岛屿出口 68.99 亿美元，增长 11.8 倍。

出口市场结构

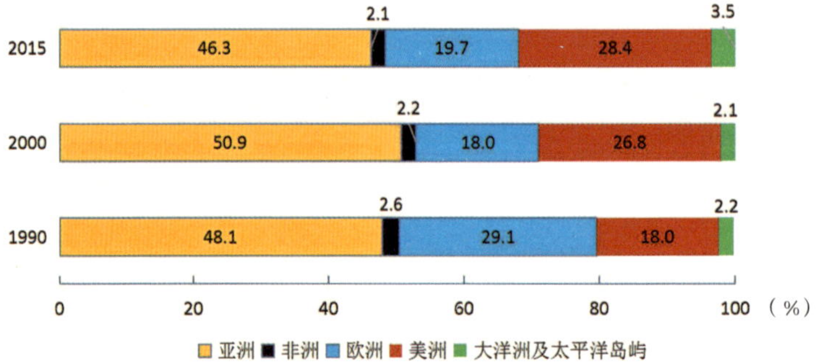

吸收外资

改革开放前近 30 年间，上海只有中波轮船公司 1 家中外合资企业，利用外资基本处于停滞状态。改革开放以后，上海积极推进全方位的对外开放，坚持积极、合理、有效地利用外资，使吸收外资规模不断扩大。至 2015 年末，上海吸收外商直接投资项目累计 8.24 万项，合同金额 3330.53 亿美元，实际到位金额 1876.18 亿美元。利用外资大项目所占比重不断提高。2015 年，外资合同金额在 1000 万美元以上的大项目达到 1233 个，外资直接投资合同金额 525.97 亿美元，占全市外资合同金额的 89.2%。总部经济加快集聚，至 2015 年末，在上海投资的国家和地区已达 165 个；在上海落户的跨国公司地区总部达到 535 家，投资性公司 312 家，外资研发中心 396 家。

2015 年外商直接投资分产业情况

指标	签订项目（个）	签订合同金额（亿美元）	实际利用外资金额（亿美元）
总计	**6007**	**589.43**	**184.59**
第一产业	4	0.61	0.21
第二产业	89	19.59	25.00
第三产业	5914	545.00	159.38

外资投资领域逐步拓宽，投资结构趋于优化。目前，上海吸收外资领域由原来以工业、房地产业项目为主，发展到农业、金融、商业零售、外贸、交通、能源、公用事业、文教卫生、信息咨询服务等众多领域。至 2015 年末，上海已累计批准外商直接投资工业项目 2.55 万项，合同金额 913.64 亿美元，分别占外商直接投资合同项目和金额的 31% 和 27.4%。第三产业累计批准外商直接投资合同项目 5.56 万项，合同金额 2350.47 亿美元，分别占全市外商直接投资项目和金额的 67.5% 和 70.6%。批发零售贸易及餐饮业、房地产业吸收外资步伐加快。

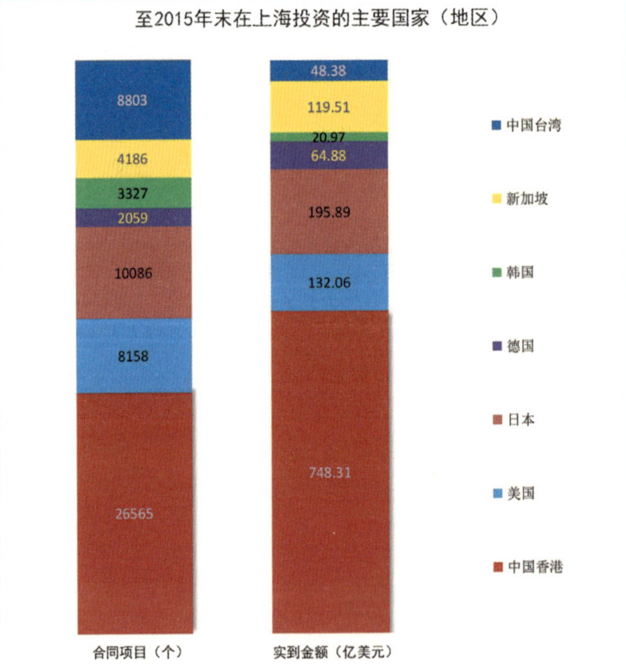

对外经济合作

改革开放前，上海对外经济合作主要是以援助形式为主，合作对象主要是第三世界。20 世纪 80 年代以来，尤其是 1984 年上海对外经济技术合作公司成立后，上海积极实施“走出去”战略，经济循环从主要依靠国内资源和市场，开始转向依靠国内外两个市场、两种资源。开拓多元化海外市场，发展对外经济合作。2015 年，全市签订对外承包合同金额 111 亿美元，比 2012 年增长 7.7%；实际完成营业额 74.55 亿美元，增长 9.4%；派出人员 5866 人次，增长 68.7%。对外劳务合作派出人员 14369 人次，下降 19.1%。对外承包工程范围从初期的承包普通建房、筑路项目，发展到技术性较强的工业、农业、能源和基础设施项目，以及隧道、电讯、地铁等高技术领域。劳务合作以发达国家和地区的制造业、交通运输业、建筑业、餐饮业等劳动密集型行业为主。至 2015 年末，上海对外承包工程和劳务合作涉及的国家和地区已达 178 个。上海海外企业对外投资不断增加。至 2015 年末，海外企业对外投资项目累计达到 4208 个，投资金额达到 875.05 亿美元。与此同时，积极引进国外先进和适用技术，推动上海技术创新和产业升级。引进技术设备到货金额由 1990 年的 1.48 亿美元增加到 2015 年的 534.02 亿美元。

国内经济合作

20 世纪 90 年代以来，按照把握机遇、各方参与、优势互补、互惠互利、积极服务、共同发展的指导思想，上海加大与国内各省市的经济技术交流与合作，进一步提高服务全国的水平，在为全国服务中努力发展自己。2015 年，上海积极参与长江经济带建设，努力推动长三角区域大气污染防治协作，深化长三角区域基础设施、科技创新产业发展等重点领域专题合作。加强对口支援项目，全年实施对口支援项目 701 个，落实资金达 31.5 亿元。涉及基础设施、科技、农业、旅游、房地产、汽车、建材、商贸等领域。

西班牙馆・加泰罗
洲广场・叠人
VELLA

友好往来

随着对外开放步伐的加快，上海与国际城市之间的交流与往来进一步扩大。国际友好城市、友好港口、外国驻沪新闻机构不断增加。

国际友好城市：至2015年末，上海市已与世界上55个国家的80个市（省、州、大区、道、府、县或区）建立了友好城市关系或友好交流关系。

2015年，斐济和马耳他驻上海领事机构开馆。2014年末，在上海设立领事机构的国家已达75个。

友好港口：至2015年末，上海港已先后与日本的大阪、横滨，美国的西雅图、新奥尔良、纽约、新泽西，比利时的安特卫普以及法国的马赛等23个港口结成友好港口，与世界主要国家的港口有专线货轮往来。

外国驻沪新闻机构：截至2015年，外国驻沪新闻机构共有83家，共派有常驻记者112人，涉及日本、美国、法国、英国、德国、荷兰、西班牙、俄罗斯、韩国、丹麦、瑞士、挪威、澳大利亚、芬兰、新加坡、土耳其、亚美尼亚、匈牙利，共18个国家。2015年，外国新闻机构上海分社恢复开设3家，关闭2家。

改革开放以来，尤其是进入 20 世纪 90 年代以后，上海着力实施可持续发展战略，坚持城市建设与管理并举，加大环境保护与治理的力度，城市环境保护和治理被提到了与城市建设相同的高度，大幅度增加环保资金投入，使城市环境质量得到明显改善。2014 年，上海用于环境保护的投入达708.83亿元，占上海市生产总值的比例从1991年的0.9%提高到 2.8%。

第四章

环境风光

- 环境保护
- 城市绿化
- 城市建设
- 名胜古迹
- 革命遗址
- 旅游景观
- 一日游线路

环境保护

由于历史的原因，上海的工业企业主要集中在市区，加上环保投入较少，曾经造成市区相当严重的环境污染。改革开放以来，尤其是进入 20 世纪 90 年代以后，上海着力实施可持续发展战略，坚持城市建设与管理并举，加大环境保护与治理的力度，城市环境保护和治理被提到了与城市建设相同的高度，大幅度增加环保资金投入，使城市环境质量得到明显改善。2015 年，上海用于环境保护的投入达 708.83 亿元，占上海市生产总值的比例从 1991 年的 0.9% 提高到 2.8%。

水环境

上海通过加大以苏州河治理为代表的水环境综合整治力度，苏州河水质明显改善，中小河道“面清、岸洁、有绿”的目标基本实现。在苏州河干流实现基本消除黑臭的阶段性目标基础上，苏州河及支流水质呈稳定改善的趋势，水体生态系统逐渐得到恢复，多年不见的水生动物再现苏州河，水环境不断改善。中小河道因地制宜地建成了一批水质改善型、滨河景观型、生态环境型的样板河段，重点推进了淀浦河以北、蕴藻浜以南的骨干河道整治及中心城区主要河道和郊区县级以上河道的长效管理。大力推进大型污水处理设施建设，2015 年城市污水处理厂污水处理量达到 794.6 万立方米，比上年增长 1%。黄浦江干流中游、黄浦江支流中、下游水质大为

改善。目前，上海四大饮用水源地格局显现，其中，黄浦江上游、长江口陈行、青草沙三大水源地已正常供水，东风西沙水库工程也将于年末竣工。

大气环境

20 世纪 90 年代以来，通过加快能源结构调整，煤烟型空气污染得到有效控制，主要污染物排放量下降，大气环境质量进一步改善。目前，在上海能源消费结构中，煤炭及其制品消费比重由 2010 年的 43.6% 降至 38% 左右，而清洁能源天然气的比重由 5% 提高到 8% 左右。2015 年，上海中心城区二氧化硫年日平均值由 2000 年的 0.045 毫克 / 立方米下降到 0.017 毫克 / 立方米；二氧化氮年日平均值由 0.09 毫克 / 立方米下降到 0.044 毫克 / 立方米。2015 年环境空气质量优良率（AQI）为 70.7%。全市平均区域降尘量 4.9 吨 / 平方公里·月，比上年下降 10.2%。

自然保护区

上海拥有自然保护区 4 个，其中市级自然保护区 2 个，总面积达到 93821 公顷，自然保护区覆盖率达到 11.8%。市区绿化建设、郊区自然保护区建设和人工森林建设的加强，使城市生态环境进一步改善。目前，上海地区分布有哺乳类动物、鸟类（含亚种）、两栖类、爬行类等动物。

上海自然保护区：崇明东滩自然保护区，重点保护候鸟栖息地和水域自然生态环境。金山三岛海洋生态自然保护区，重点保护自然植被、林木和岛域自然生态环境。长江口中华鲟幼鱼自然保护区，重点保护中华鲟、白鲟幼鱼及其栖息地。九段沙湿地自然保护区，重点保护鸟类和河口沙洲地貌。

苏州河

东滩湿地

自然风景区

上海的自然风景区有：佘山风景区，包括佘山山系及其周边地区。建设以自然山体为主体的自然与人文景观相交融的风景区，有佘山国家森林公园和北竿山鸟类保护区。泖塔风景区，包括太阳岛及其周围地区，将加快大型人造森林和水资源涵养林的建设，保护好泖塔标志性建筑和泖河地区的水乡田园风貌。崇明东平国家森林公园，进一步扩大人工森林的建设，重点保护好野生动植物。

城市绿化

上海的城市绿化围绕改善上海城市生态环境的目标，遵循科学合理、因地制宜的原则，改“见缝插绿”为“规划建绿”，结合市政建设、旧区改造、工厂搬迁等辟出成片土地建设绿地。同时，“环、楔、廊、园”绿化和郊区大面积营造人工生态林全面推进，形成了特大城市绿化发展的特色。2015 年，上海城市绿地面积达到 12.73 万公顷，比 1990 年增长 34.7 倍。其中，公园绿地 1.84 万公顷，增长 17.7 倍。相继建成延安中路绿地、太平桥绿地、黄兴公园、大宁绿地、徐家汇公园、延虹绿地、世博林绿地、滨江森林公园、广中绿地、蝴蝶湾绿地、大连路绿地、卢湾南园滨江绿地、辰山植物园、宝山炮台湾湿地公园、西沙湿地、东滩湿地公园等一批大型开放式生态景观绿地。不仅成为市民工作之余休闲娱乐的好去处，而且还极大地缓解了长期以来困扰市中心区的“热岛”效应，成为吸引海内外人士的宜居地。至 2015 年末，市区人均公园绿地面积由 2000 年的 4.6 平方米提高到 2015 年的 7.6 平方米，建成区绿化覆盖率由 22.2% 提高到 38.5%。

公园等级提高，数量增加。2015 年，上海拥有公园 165 个，比 2000 年增加 43 个；游园人数 2.22 亿人次，增加 1.4 亿人次。

公园绿地

城市建设

城市基础设施投资

新中国成立后至改革开放前的近30年间，上海用于城市基础设施建设的投资额仅为60亿元。改革开放以来，特别是进入20世纪90年代以后，为了改善投资环境和城市面貌，发挥城市综合功能，上海城市建设以构建立体化交通网络、完善市政设施和提高邮电通信能力为核心，加速推进城市基础设施的现代化建设。1991-2015年，完成城市基础设施投资达到20014.69亿元，占同期固定资产投资总额的26%。

从城市基础设施投资方向看，1991-2015年，用于电力建设方面的投资约占同期城市基础设施投资总额的11.4%，用于公用设施方面的投资约占37%，其中市政建设投资约占29.5%。高架路、地铁、大桥、越江通道等一大批重大工程相继建成。对外交通初步形成了高速公路为主体、郊区骨干道路为依托的快速交通网络。中心城区建成了以“一环七射八换乘”轨道交通网、高架道路、“三纵三横”主干道、越江工程为主体的现代化立体交通网络体系，城市交通状况明显改善，使上海逐步成为最适宜发展创业和生活居住的国际化城市之一。

浦西高架桥

重大城市建设工程

上海已相继建成了一批大桥、隧道、高架路、高速公路、轨道交通、国际机场、深水港口等标志性重大城市建设工程。2013 年，浦东机场 T1 航站楼改造、周家嘴路越江工程等重大项目启动建设。

洋山深水港

上海国际航运中心洋山深水港区是上海国际航运中心的集装箱深水枢纽港区。港区位于杭州湾东北部、舟山群岛嵊泗列岛海域，由全长 32.5 公里的东海大桥与浦东新区芦潮港相连。目前已建成大型集装箱泊位 16 个，码头岸线全长 5.6 公里，年设计吞吐能力 930 万标准箱。

东海大桥

东海大桥是中国首座长距离跨海大桥，连接洋山深水港和芦潮港。大桥全线 32.5 公里，设计时速 80 公里。2005 年底建成通车。

浦东国际机场

浦东国际机场地处亚、欧、美三角航线的中点，是世界主要航空枢纽港之一，距上海市中心约 30 公里，外形犹如一只展翅的巨型海鸥。该机场现已完成一、二期工程，扩建工程预计 2015 年完成，预计年旅客吞吐量将达 6000 万人次，货邮吞吐量 420 万吨，年起降 49 万架次。

铁路上海虹桥站

铁路上海虹桥站位于京沪、沪昆两大铁路干线交汇点，是京沪、沪宁、沪杭三条高速铁路的始发站、终到站，也是上海虹桥综合交通枢纽的主要组成部分。2010 年投入运营的该车站占地 44 万平方米，站房结构与上海虹桥机场 2 号航站楼、轨道交通 2 号线、地面交通中心结构相接，形成了铁路、航空、轨交、公交等相互便捷换乘的综合交通枢纽。至此，上海已有上海站、上海南站、上海虹桥站三座大型铁路客运车站。

上海虹桥站
SHANGHAI HONGQIAO RAILWAY STATION

长江隧桥

长江隧桥

长江隧桥是世界上规模最大的隧桥结合工程，全长 25.5 公里。工程采用“南隧北桥”的建设方案，南部的长江隧道连接上海浦东和长兴岛，北部的长江大桥连接长兴岛和崇明岛。该隧桥 2009 年建成通车。

越江工程

改革开放以来，上海相继建成南浦大桥、杨浦大桥、奉浦大桥、徐浦大桥、卢浦大桥、松浦大桥、松浦二桥、松浦三桥、闵浦大桥、闵浦二桥、长江大桥、崇启大桥共 12 座大桥，以及外环越江隧道、翔殷路隧道、大连路隧道、延安东路隧道、复兴东路隧道、打浦路隧道、上中路隧道、新建路隧道、人民路隧道、龙耀路隧道、西藏南路隧道、军工路隧道、长江隧道共 13 条越江隧道。

主要大桥

南浦大桥是上海最早建成的越江大桥，全长 8346 米，主桥为长 846 米的双塔双索面、叠合梁斜拉桥结构。该大桥 1991 年底建成通车。

杨浦大桥与南浦大桥堪称“姐妹桥”，全长 7658 米，主桥为一跨过江的双塔双索面、叠合梁斜拉桥结构，主孔跨径 602 米。该大桥 1993 年建成通车。

卢浦大桥堪称世界第一拱桥，工程创造了10项世界纪录。大桥全钢结构，全长3900米，主桥长750米，一跨过江。该大桥2003年建成通车。

崇启大桥又称崇启通道，大桥起自崇明岛，接上海长江大桥，止于江苏省启东市，与已建成的宁启高速公路相接，全长52公里，全线设计双向六车道。该大桥2011年建成通车。

主要隧道

大连路越江隧道工程线路总长2.5公里，2003年建成通车。

复兴东路越江隧道是世界第一条建成通车的双层隧道，上层为小车道，下层为大车道，全长2785米，2004年建成通车。

翔殷路越江隧道工程北线长2597米，南线长2606米，设双管双向四车道，2005年建成通车。

上中路越江隧道是世界最大直径的盾构法越江公路隧道，其南线长2795米，北线长2802米，2008年建成通车。

名胜古迹

上海是一座历史悠久的文化城市。至 2015 年末，上海拥有全国重点文物保护单位 29 处，市级文物保护单位 238 处，区（县）文物保护单位 402 处，区（县）登记不可移动文物 838 处。

豫园九曲桥

豫园

位于上海市中心的豫园始建于明嘉靖三十八年（公元1559年），距今已有400多年历史，是著名的江南古典园林。园内共有48处景点，融汇明、清两代园林建筑艺术，素有“城市山林”美誉。经过历年积累，豫园现珍藏书画、家具、陶瓷等珍贵文物数千件。

龙华寺

位于徐汇区的龙华寺，相传建于三国时期的公元247年，距今已有1700多年历史，是上海历史最悠久、规模最大、建筑最雄伟的佛教寺院，并珍藏有唐、五代、明、清年间的经书、金印、佛像等珍贵文物。龙华寺以古寺、古塔、龙华庙会、龙华晚钟等构成了宗教旅游的胜地。

玉佛寺

位于静安区的玉佛寺是上海名刹，因清光绪八年（公元1882年），普陀山僧人慧根从缅甸请来玉佛两尊并建寺而得名。寺内建有天王殿、大雄宝殿、玉佛楼、经殿等宏伟建筑，其中玉佛楼供奉一座高1.9米、宽3.4米的玉雕释迦牟尼坐像。

孔庙

位于嘉定区的孔庙建于南宋嘉定十二年（公元 1219 年），向有“吴中第一”之称。庙内设中国科举制度陈列馆，“育才”、“兴贤”、“仰高”三座牌坊，分别代表培养人才、选拔人才和对孔子的敬慕。此外，孔庙还保存有宋代著名哲学家、教育家朱熹的大字碑等，具有很高的艺术价值。

方塔

方塔位于松江区，建于五代后汉乾祐二年（公元 949 年），九级方形，高 42.5 米。该塔因袭唐代砖塔结构，砖身每层四面辟壶门，斗拱大部分保留宋代原物，是江南古塔中保存原有构件较多的一座。方塔周围辟有古典园林，园内有宋朝望仙桥、明代兰瑞堂等古迹。

朱家角

朱家角素有“东方威尼斯”之称，是上海保存最完好的江南水乡古镇。早在1700多年前的三国时期就形成了村落集市，明代万历年间更是发展为繁华集镇。古镇内，石桥、乌篷船、小桥流水、明清古宅等，共同构成悠闲安逸、古朴恬淡的江南田园韵味。

革命遗址

上海是一座具有光荣革命传统的城市，留下了无数革命先辈的足迹和许多革命遗址。

中共“一大”会址

中共“一大”会址位于上海兴业路 76-78 号，由两幢具有 20 世纪 20 年代上海民居风格的石库门楼房组成。1921 年 7 月 23 日，中国共产党第一次全国代表大会在这里召开。作为中国共产党的诞生地，中共“一大”会址被列为全国重点文物保护单位。该纪念馆陈列有出席中共“一大”的代表蜡像，其数百件展品中不乏珍贵文物与文献。

中共“二大”会址

中共“二大”会址位于上海老成都北路7弄30号，属市级文物保护单位，是一幢典型的两层楼石库门建筑。1922年7月16日至23日，中国共产党在这里召开第二次全国代表大会第一次会议。纪念馆内藏有中共“二大”通过的党章、党纲等珍贵文物与文献数百件。

孙中山故居

孙中山故居位于上海香山路7号，为1920至1924年，孙中山先生在上海的寓所，系当时旅居加拿大的华侨集资购买赠送中山先生，属全国重点文物保护单位。故居内陈列着孙中山先生使用过的指挥刀、军事地图、文房四宝等物品。

毛泽东旧居

毛泽东旧居位于上海威海路 583 弄 7 号，系一幢两层砖木结构石库门楼房，属上海市文物保护单位。1924 年 2 月中旬，毛泽东在担任中共中央局秘书、国民党上海执行部执行委员、组织部秘书等职务期间，曾在此居住。

周公馆

周公馆位于上海思南路73号，是一座具有法式建筑风格的花园洋房。1946至1947年间，作为中国共产党驻上海代表处。周恩来曾多次在这里举行记者招待会、会见著名爱国人士等。馆内陈列有周恩来手书等珍贵纪念物。

鲁迅故居

鲁迅故居位于山阴路132弄9号，是一幢红砖红瓦的三层楼房，为鲁迅生前居住和工作的寓所。鲁迅在这里进行了大量的创作、翻译与编辑工作，创建了“中国自由运动大同盟”和“左联”等组织。故居内陈列着鲁迅生前用过的写作用具等珍贵物品。

旅游景观

20 世纪 90 年代以来，上海相继建成了一批享誉国内外的功能性建筑，构成了迷人的都市风景线，也成为上海的旅游新景观，向世人展示了城市的新风貌。目前，上海拥有 5A 级景区 3 处，4A 级景区 51 处。

上海市 5A、4A 级景区一览表

景区名称	景区级别	景区地址
上海东方明珠广播电视塔	5A	浦东区世纪大道 1 号
上海野生动物园	5A	浦东新区南六公路 178 号
上海科技馆	5A	浦东新区世纪大道 2000 号
上海博物馆	4A	黄浦区人民大道 201 号
上海杜莎夫人蜡像馆	4A	黄浦区南京西路 2-68 号新世界 10 楼
上海佘山国家森林公园	4A	松江区佘山国家旅游度假区
上海豫园	4A	黄浦区安仁街 218 号
金茂大厦 88 层观光厅	4A	浦东新区世纪大道 88 号 7 楼
上海城市规划展示馆	4A	黄浦区人民大道 100 号
东平国家森林公园	4A	崇明县北沿公路 2188 号
上海动物园	4A	长宁区虹桥路 2381 号
上海太阳岛国际俱乐部	4A	青浦区沈巷沈太路 2588 号
陈云故居暨青浦革命历史纪念馆	4A	青浦区朱枫公路 3516 号
上海世纪公园	4A	浦东新区芳甸路 666 号
上海大观园	4A	青浦区青商路 701 号
上海共青森林公园	4A	杨浦区军工路 2000 号
上海国际时尚中心	4A	杨浦区杨树浦路 2866 号
朱家角古镇	4A	青浦区朱家角镇西井街 84 号
上海古猗园	4A	嘉定区沪宜公路 218 号
上海方塔园	4A	松江区中山东路 235 号

上海市青少年校外活动营地－东方绿舟	4A	青浦区沪青平公路6888号
枫泾古镇	4A	金山区亭枫公路8588弄28号
锦江乐园	4A	闵行区虹梅路201号
上海召稼楼景区	4A	闵行区浦江镇沈杜公路（近苏召路）
金山城市沙滩景区	4A	金山区浩源路289号城投大厦1512室
碧海金沙景区	4A	奉贤区海湾旅游区海鸥东路1288号
上海海洋水族馆	4A	浦东新区陆家嘴环路1388号
上海鲜花港	4A	浦东新区东海农场振东路2号
上海月湖雕塑公园	4A	松江区佘山度假区林荫新路1158号
上海嘉定州桥	4A	嘉定区沙霞路68号
上海都市菜园景区	4A	奉贤区海湾镇海兴路888弄1号
上海长风公园·长风海洋世界景区	4A	普陀区枣阳路839号
前卫生态村	4A	崇明县东风农场北首前卫生态村
上海江南三民文化村景区	4A	崇明县林风公路2201号
上海马陆葡萄艺术村	4A	嘉定区沪宜公路2228号801室
上海海湾国家森林公园	4A	奉贤区海湾镇随塘河路1677号
中国航海博物馆	4A	浦东新区临港新城申港大道197号
上海欢乐谷	4A	松江区佘山林湖路888号
上海环球金融中心观光厅	4A	浦东新区世纪大道100号
上海植物园	4A	徐汇区龙吴路1111号
上海南翔景区	4A	嘉定区南翔镇解放街206号
上海明珠湖·西沙湿地景区	4A	崇明县三华公路333号
上海宋庆龄故居纪念馆	4A	徐汇区淮海中路1843号
上海东林寺景区	4A	金山区朱泾镇东林街150号
上海顾村公园景区	4A	宝山区沪太路4788号环岛路1号
上海闻道园	4A	宝山区潘泾路2888号
上海徐家汇源景区	4A	徐汇区零陵路737号
上海辰山植物园	4A	松江区辰花公路3888号
上海炮台湾景区	4A	宝山区塘后路206号
上海宝山国际民间艺术博览馆景区	4A	宝山区沪太路4788号
上海金罗店美兰湖景区	4A	宝山区沪太路6655号
上海玻璃博物馆	4A	宝山区长江西路685号
上海汽车博览公园	4A	嘉定区墨玉南路888号21楼宣传外联部
上海国际赛车场旅游景区	4A	嘉定区伊宁路2199号

外滩

从外白渡桥延伸至南浦大桥，全长4公里的外滩，是上海著名的旅游景点，也是上海的一张城市名片。外滩西侧矗立着风格迥异的中西建筑群，堪称“万国建筑博览”，是近代上海历史的缩影。在外滩，黄浦江两岸的迷人风采能尽收眼底。

人民广场

人民广场位于市中心，是融行政、文化、交通、商业为一体的园林式广场。广场北侧是上海市人民政府所在地，西北侧为上海大剧院，东北侧为上海城市规划展示馆，南侧为上海博物馆，人民大道穿越其中。广场绿化总面积达8万平方米。

东方明珠广播电视塔

上海东方明珠广播电视塔是上海标志性建筑之一，集广播电视发射、娱乐、游览于一体。塔高468米，享有亚洲第一、世界第三的殊荣。在263米高的上体观光层和350米高处的太空舱，游客能360度鸟瞰全市景色。此外，该塔267米处设有亚洲最高的旋转餐厅；底层的上海城市历史发展陈列馆则浓缩再现了上海开埠以来的历史。

金茂大厦

位于浦东新区陆家嘴金融贸易区的金茂大厦是上海标志性建筑之一。大厦总建筑面积 29 万平方米，总高度 420.5 米，地上 88 层，地下 3 层，集商务、观光、酒店、娱乐、购物于一体。其第 88 层为观光厅，可同时容纳 1000 多名宾客饱览上海新貌。

上海中心

目前位列中国第一、世界第二摩天高楼的上海中心大厦，位于浦东陆家嘴金融贸易区核心区，是上海建筑高度最高、单体最大的商务楼宇。主体建筑总高度632米，地上127层，地下5层，总建筑面积57.8万平方米，是一座集办公、酒店、会展、商业、观光等功能于一体的绿色环保垂直城市。“上海中心”造型别致，圆角三角形外立面层层收分，连续120度缓缓螺旋上升，形成了独特优美的流线型玻璃晶体，体现了现代中国蓬勃的生机。作为上海的新地标，“上海中心”与东方明珠电视塔等其他陆家嘴标志性建筑一道，共同勾勒出优美的城市天际线。

上海环球金融中心

位于浦东新区陆家嘴金融贸易区的上海环球金融中心，大厦高492米，地上101层，地下3层，总建筑面积38.16万平方米，拥有完备的商办设施、会议中心和豪华酒店等。其位于第100层、高474米的世界最高观光厅，被誉为“城市之巅”。

上海海洋水族馆

位于浦东新区陆家嘴金融贸易区的上海海洋水族馆，总建筑面积2.24万平方米，展示了来自世界各大洲的300余种、14000多尾海洋水生物。馆中120米长的海底观赏隧道是世界最长的海底观赏隧道之一，能让游客全方位、多角度地观赏神秘的海底世界。

上海国际旅游度假区

上海国际旅游度假区位于上海浦东中部地区，北至S1迎宾高速公路，东至南六公路，南至周祝公路，西至S2沪芦高速公路沿线以西约1公里，规划面积约24.7平方公里，其中核心区约7平方公里。上海国际旅游度假区将与虹桥商务区、世博后续开发区等区域共同成为上海未来发展的重要区域。

2016年6月16日开幕的上海迪士尼度假区位于上海国际旅游度假区核心区内，是中国大陆首个、亚洲第三个、全球第六个迪士尼度假区。上海迪士尼度假区包括：一座主题乐园——由“米奇大街”、“奇想花园”、“探险岛”、“明日世界”等六大主题园区组成的“上海迪士尼乐园”；两座主题酒店“上海迪士尼乐园酒店”和“玩具总动员酒店”；一个国际购物餐饮娱乐区“迪士尼小镇”，“华特迪士尼大剧院”将位于其中，上演全球首个普通话版本的百老汇热门音乐剧《狮子王》；由静谧的花园和波光粼粼的湖泊组成的休闲区“星愿公园”。

上海新天地

位于上海市中心的新天地是展现上海历史文化风貌的都市旅游景点，总面积3万平方米。新天地以独特的石库门建筑为基础，将传统石库门里弄与现代新建筑相结合，集历史文化、旅游餐饮、商业娱乐等功能于一体。

上海新天地

Xintiandi · Shanghai

一日游线路

上海以城市旅游为主，如果短暂停留一两日，推荐以下几种旅游方案。

外滩－陆家嘴——上海地标性建筑区一日游

必游地点：苏州河外白渡桥、外滩万国建筑群（不防到各家银行内部观光一下，特别推荐浦发银行，系原上海市府大楼）、海关大楼、上海档案馆、东方明珠、金茂大厦、上海环球金融中心、上海中心、陆家嘴金融区。

豫园－外滩－人民广场——上海中心城区一日游

必游地点：豫园、外白渡桥、外滩万国建筑群（海关大楼、上海档案馆、浦发银行）、人民广场。

南京路步行街－人民广场－外滩——上海购物一日游

必游地点：南京路市百一店、永安百货、华联商厦、百联世贸，人民广场建筑群、外滩万国建筑群。

浦江游览－外滩观光隧道——上海观光一日游

必游地点：黄浦江两岸景点、外滩观光隧道。

世纪公园－磁悬浮－浦东机场——上海浦东一日游

必游地点：世纪公园、龙阳路地铁站、磁悬浮、浦东国际机场。

人民广场——文化上海一日游

必游地点：人民广场、上海大剧院、城市规划馆、上海博物馆、上海音乐厅、上海美术馆（可选）、福州路文化一条街。

吴淞－崇明两日游

必游地点：宝山吴淞口炮台、崇明岛。

徐家汇－淮海路——上海精品购物一日游

必游地点：徐家汇、徐家汇天主教堂、淮海路（东中西）。

中国概况·上海

改革开放以来，上海教育体制改革步伐加快，多元化办学模式探索不断取得新突破，使教育事业取得了长足的发展，教育质量不断提高，在全国处于领先水平。

第五章

社会事业

- 教育
- 科技
- 卫生
- 竞技体育
- 全民健身
- 体育设施

教育

新中国成立前，上海的教育事业虽有一定基础，但发展缓慢。新中国成立后，党和政府十分重视教育，但由于“十年动乱”的破坏，教育事业发展遭受到很大损失。改革开放以来，上海教育体制改革步伐加快，多元化办学模式探索不断取得新突破，使教育事业取得了长足的发展，教育质量不断提高，在全国处于领先水平。

高等教育

1949年，上海拥有高等院校41所。1952年，上海高校院系调整合并成17所。“十年动乱”期间，高等院校被撤、并、迁、散，连续4年停止公开招生，1971年在校学生仅为0.35万人。1978年又创办了13所大学。高等教育体制改革进一步深化，2000年上海在全国率先首次试行部分高校春季招生考试制度。经过了30多年的发展，上海现代化高等教育体系已基本形成。至2015年末，全市普通高等院校调整为67所，比1990年增加17所；在校学生51.16万人，增加39.03万人；毕业生12.87万人，增加9.41万人。全市共有48家机构培养研究生，共招研究生4.60万人，毕业生3.79万人。其中，获得博士学位的0.45万人，获得硕士学位的3.34万人。

复旦大学

基础教育

上海是全国最早实施义务教育的地区，《上海市普及义务教育条例》的颁布，在法律上保障了适龄儿童少年接受九年义务教育的权利。基础教育面向全体学生，重在加强基础、发展智力、培养能力，并重视渗透非智力因素包括学习态度、习惯、方法和意志品质等的培养与指导。至2015年末，全市共有小学764所，在校学生79.87万人；普通中学790所，在校学生57.05万人，其中普通高中在校学生15.82万人；中等专业学校51所，在校学生7.24万人。坚持实施高标准、高质量普及九年义务教育。九年义务教育入学率保持在99.9%以上，高中阶段新生入学率达到97.1%。

中小学标准化建设不断加快。完成对薄弱学校的更新改造和中小学标准化建设。目前上海拥有147所实验性、示范性中学。采取“积极鼓励、大力支持、正确引导、加强管理”的方针，鼓励民间办学。至2015年末，上海有民办高校20所，在校学生10.01万人；民办普通中学117所，在校学生7.39万人；民办小学173所，在校学生13.94万人。

特殊教育是学前教育与基础教育的组成部分，已纳入全民义务教育轨道。至2015年末，上海有特殊教育学校29所，在校学生0.45万人，毕业学生0.08万人，使视力、听力、语言、智力、肢体残疾的儿童少年义务教育基本普及。

学前教育

上海是中国最早将学前教育纳入教育行政管理体系的城市，市政府教育主管部门在全国率先将学前教育纳入教育督导的范畴，已建立了完整的学前教育管理网络。多年来，上海的学前教育走教育科学研究与教育实践探索相结合的道路，整体教育质量在全国名列前茅。上海学前教育采取以教育部门办学为主、社会力量办学为辅的办学形式。至 2015 年末，上海共有幼儿园 1510 所，在园幼儿人数 53.59 万人，专任教师 3.66 万人。

成人教育

新中国成立初期，上海成人教育各级各类学校在校学生仅为 4.92 万人，其中扫盲者 3.34 万人，占 67.9%。改革开放前，上海的成人教育也基本处于停顿状态。改革开放以后，成人教育适应社会经济的快速发展蓬勃兴起。目前，上海成人教育已形成了面授、函授、广播、电视、网络等多种手段结合，公办学校和民办学校并举，学历教育和非学历教育并存的格局。至 2015 年末，上海有成人中高等学历教育学校 33 所，成人职业技术培训机构 633 所。

科技

上海一直是全国重要的科研基地之一，科技资源和科研基地处于全国领先地位。改革开放以后，上海始终坚持把大力发展科学技术，加速全社会的科技进步放在经济社会进步的关键地位。科技资源得到更为有效的整合，科研力量不断壮大，科研投入进一步加大，科技创新体系初步建立，科技创新能力不断提高。“十二五”时期，创新驱动发展、经济转型升级确定为上海发展的总方针，科技创新被提到了前所未有的重要位置，主动适应积极引领“新常态”，建设具有全球影响力的科技创新中心是今后上海的重要发展方向。

科研力量

新中国成立初期，上海科技力量十分薄弱，拥有自然科学研究机构仅 12 家。新中国成立后，上海十分重视科技事业的发展，先后组建了一大批科研机构，扩大了科研队伍。改革开放以来，上海始终坚持把大力提高科学技术水平，加速全社会的科技进步放在经济社会进步的关键地位，上海的科技力量日益壮大，科研实力迅速提高。研发投入强度相当于发达国家水平，科技创新已成为经济增长的重要推动力，为建设具有全球影响力的科技创新中心奠定了较扎实的基础。目前，上海科研机构、企业、高等院校等拥有各类科学研究和技术开发机构 2469 家，比 1980 年增加 1918 家。其中，科研机构 112 家，占 4.5%；企业所属研发机构接近 2156 家，占 87.3%；高等院校所属研发机构 68 家，占 2.8%。与 1980 年相比，上海拥有国有经济单位各类专业技术人员由 33.08 万人增加到 94.71 万人；至 2015 年末，上海拥有两院院士共 166 人。其中，中国科学院院士 95 人，中国工程院院士 72 人（1 人兼两院院士）。

科研投入

在政府关注科技、企业重视科技、全社会支持科技的良好氛围下，上海的科研经费筹集渠道得到拓宽，科研投入不断增加。研究与发展（R&D）经费支出水平是衡量一个国家和地区综合科技实力、科技潜力以及经济发展潜力的重要标志。上海研发投入规模逐年扩大，用于研究与试验发展（R&D）经费支出从2010年的481.7亿元提高到2015年的925亿元，年均增长13.9%。2015年，上海研发投入占GDP的比例由2010年的2.81%提高到3.7%，高于全国平均水平1.6个百分点，相当于发达国家水平。科技创新已成为经济增长的重要推动力，为建设具有全球影响力的科技创新中心奠定了较扎实的基础。科研经费来源趋向多元化，目前已基本形成了以自筹资金为主，政府拨款和金融贷款为辅的格局。财政对科技开发支持力度加大。企业作为科研开发和科技成果应用的主要载体，科技进步意识增强。规模以上工业企业研究与发展经费支出总额达到474.24亿元，比2000年增长14.2倍。

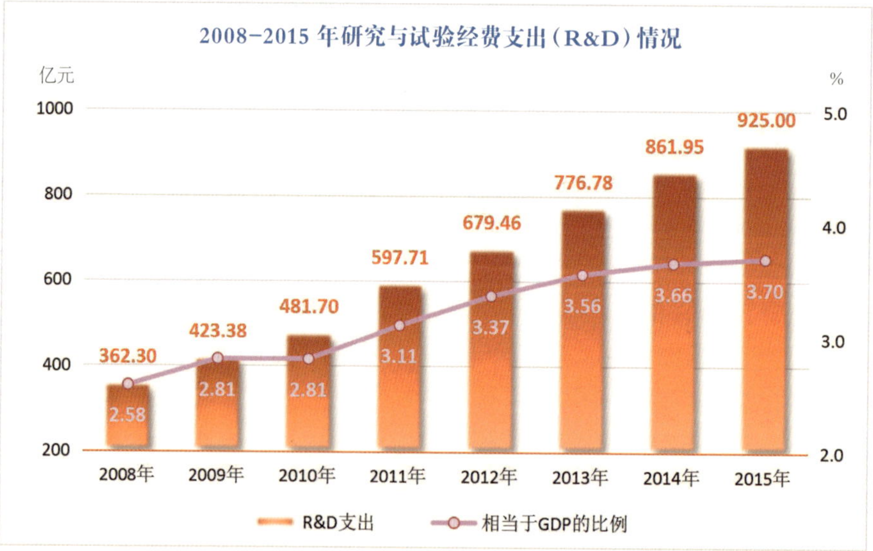

科技成果（项）

年份	全市科技成果	达到国际先进水平或属国际领先	达到国内先进水平或属国内领先
1990	2092	465	1597
1995	1350	332	802
2001	1338	620	560
2010	2318	886	926
2011	2388	809	726
2012	2415	749	738
2013	2490	587	712
2014	2384	531	680
2015	2356	492	622

科技成果

20 世纪 90 年代以来，上海在基础理论和高技术研究方面取得了重大成果。2000–2015 年，上海共取得重大科技成果接近 3.14 万项，其中达到国际先进水平或属国际领先的 1.16 万项，达到国内先进水平或属国内领先 1.22 万项。在产业高科技方面，新一代宽带交换系统、高清晰度显示等技术推进了传统家电向数字化、网络化、智能化发展；先进制造业技术已在机电、汽车、航空航天、石油化工等行业推广应用；现代生物技术在农作物新品种培育和新农药研制方面取得新突破。2015 年，上海共有 42 项牵头及合作完成的重大科技成果荣获国家科学技术奖，占全国获奖总数的 11.8%。在获奖项目中，5 项国家自然科学奖，6 项国家技术发明奖，31 项国家科学技术进步奖。

关键技术领域取得了一批自主知识产权，自 1985 年上海设立专利机构以来，专利申请和授权量快速增加。至 2015 年，上海受理专利申请量累计达 100006 件，比 2000 年增长 7.8 倍；其中技术含量最高的发明专利申请量 46976 件，增长 9 倍。专利授权量 60623 件，增长 14 倍；其中发明专利 17601 件，增长 56.9 倍。

科技成果转化

为加快科技成果产业化进程，使科技能够更为有力地支持经济发展，1998 年 6 月，上海市政府出台了有关科技成果转化的“十八条”措施，并同时设立了“一门式”服务机构，有力地促进了科技成果的转化。2015 年，全市认定和复审高新技术企业 2089 家，高新技术成果转化项目 603 项，其中电子信息、生物医药、新材料等重点领域项目占 83.4%。至 2015 年末，共认定高新技术成果转化项目 10500 项。2015 年经认定登记的各类技术交易合同 2.25 万件，比 2000 年增长 7.3%；合同金额 707.99 亿元，增长 8 倍。

曙光 5000A 为中国首台最高运算性能的大型计算机，位居世界 10 大超级计算机前列。

科技创新体系

上海以建立国有企业研发中心为抓手，以科研院所转制为契机，以孵化基地建设为载体，通过多种途径增强企业技术创新能力，成效明显。至2015年末，上海拥有市级创新型企业500家。科技小巨人企业和小巨人培育企业共1427家，高新技术企业6071家，技术先进型服务企业253家。上海工业六个重点发展行业对产品、技术作了创新与探索：宝钢集团积极应对钢铁行业普遍存在的产能过剩问题，从"汽车专用不锈钢产品开发及关键使用技术研究"等方向着手，加快产业转型；电气集团承接国家重点专项，参与"核电主汞国产化"项目的研发等，通过掌握国内电气关键技术，赢得市场竞争的主动权；振华重工研发了"400英尺自升式钻井平台"、12000吨全回转浮吊"等多个项目，获得28件国家授权专利及上海市科技进步一等奖。

上海科技馆

科学普及

上海不断加强科普基础设施建设，初步建立起以上海科技馆为引领，一批专题性科技场馆为主干，众多基础性科普教育基地为辅助的多元化、多类别的科普基础设施网络。上海拥有科普教育基地200多个。尤其是2001年建成的上海科技馆，以"自然·人·科技"为主题，运用大量高科技设施和交互式手段，形成"天地、生命、智慧、创造、未来"五个馆组成的展示体系，实现了自然博物馆、科技馆和天文馆的结合，极大地提升了上海科普工作的水平和能力，标志着上海科普工作又上了一个新台阶。2015年，共举办科普宣讲活动9270次，宣讲活动受众人数328.7万人次。

卫生

卫生机构

1949 年，上海仅有卫生机构 358 所，其中医院 153 所，专科防治所 3 所，门诊部（所）188 所；拥有床位 1 万张。1949 年以后，上海不断加强医疗卫生机构建设，新建了一大批之前没有的医疗卫生机构，如卫生防疫站、妇幼保健所等，合理调整布局结构。改革开放以后，尤其是 20 世纪 90 年代以来，上海大力推动医疗机构联合重组，优化医疗资源配置，初步建立起由区域医疗中心和社区卫生服务中心组成的新型城市医疗服务体系。至 2015 年末，全市拥有医疗卫生机构 5016 所，其中医院 338 所，基层医疗卫生机构 4480 所；拥有床位 1.71 万张。2015 年，全市医疗机构共完成诊疗人数 2.65 亿人次，比 2003 年增长 1.9 倍。

2015 年卫生机构基本情况及其增长速度

指 标	单 位	绝对值	比 2013 年增长（%）
医疗卫生机构数	**所**	**5016**	**0.6**
医 院	所	338	1.8
基层医疗卫生机构	所	4480	-2.8
门诊部	所	633	3.8
社区卫生服务中心	所	306	0.3
村卫生室	所	1271	-3
专业公共卫生机构	所	116	持平
疾病预防控制中心	所	19	-5
卫生监督所	所	18	持平
其他医疗卫生机构	所	82	74.5
专业卫生技术人员数	**万人**	**17.02**	**3.8**
执业（助理）医师	万人	6.31	2.9
医院执业医师	万人	3.86	4.6
注册护士	万人	7.54	4.9

卫生技术人员

新中国成立初，上海卫生技术人员力量相当薄弱，仅有卫生技术人员 1.3 万余名，其中，医生 8139 人，平均每万人口拥有医生 16 人，平均每万人口拥有护士 4 人，远远不能满足人民防病治病的需要。新中国成立后，党和政府积极动员开业医务人员、社会闲散医务人员在自愿的基础上组织联合医疗机构，使原来分散的医务技术力量发挥集中优势。与此同时，加快培养新一代卫生专业技术人员，使卫生技术人员队伍不断壮大。至 2015 年末，全市有专业卫生技术人员 17.02 万人，比 1978 年增长 1.1 倍，其中执业（助理）医师 6.31 万人，增长 88.4%。近年来，以推进医保、医疗、医药联动改革为抓手，促进医疗卫生服务质量提高，多数医院、门诊部（所）改革医疗门诊制度，许多名医试行挂牌门诊，并对中青年医生进行传、帮、教、带，加快了整个医疗队伍业务水平的提高，基本满足了市民的医疗服务需求。

医疗保障

新中国成立以来，上海的卫生防疫工作取得了显著进展。20 世纪 60 年代消灭了天花；70 年代消灭了白喉；到了 80 年代小儿麻痹症已极为罕见，麻疹近于消灭，其他一些传染病也得到了有效控制，发病率逐年下降。至 2015 年末，上海有疾病预防控制中心 19 个，从业人员 3051 人。上海计划免疫工作已形成了一套完整的规范化管理体制。“四苗”的全程接种率已接近发达国家水平，高水平的免疫接种率使上海形成了相应传染病的免疫屏障，居民身体健康状况得到改善。

新中国成立后，党和政府把保护妇女儿童的身体健康列入国家宪法，发展妇幼保健事业成了整个卫生事业发展的重要组成部分。目前，上海有妇幼保健院 21 个，妇幼保健从业人员 3079 人。孕产妇死亡率由 1951 年的 276 人 /10 万下降到 2015 年 6.66 人 /10 万，婴儿死亡率也由新中国成立初期的 83.96‰下降到 4.58‰，两者均与世界发达国家水平基本接近。

医疗服务内容不断拓展，开始向综合服务领域延伸。2015 年，全市卫生机构拥有病床 12.28 万张，比 1978 年增长 1.2 倍。自 1992 年起，市区部分医院开设了家庭病床。至 2015 年末，上海已有 220 家医院和社区卫生服务中心开设家庭病床，病床数为 24249 张，上门诊疗次数接近 116.06 万人次。同时，医疗服务模式开始由单纯的生物医学模式向生物的、心理的、社会的多元组合医学模式转变。

竞技体育

竞技体育是一个城市体育综合实力的重要标志。新中国成立前，上海没有一个专门管理体育运动的机构，唯一的体育协会也是一个群众团体。1954 年，上海正式成立市体育运动委员会，并开始建立优秀运动队。改革开放以来，上海体育事业发展进入繁荣期，每年都承办一系列国际国内重要体育赛事。2015 年，上海共有等级裁判员 416 名，优秀运动员 766 名，其中女运动员 249 名；优秀运动员专职教练员 289 名，其中女专职教练员 114 名。

上海运动员刻苦训练，敢于拼搏，在许多国际性比赛中取得了好成绩，为祖国争得了荣誉。在 2000 年第二十七届悉尼奥运会上，上海运动员获得 1.5 枚金牌和 1.5 枚银牌，为祖国赢得了荣誉。在 2012 年伦敦奥运会上，上海运动员共获 10.5 枚奖牌，其中 3 枚金牌、5 枚银牌、2.5 枚铜牌。2013 年，在第十二届全国运动会上，上海代表团共获 129.5 枚奖牌，其中 45 枚金牌、48 枚银牌、36.5 枚铜牌。2014 年，上海体育健儿在第十七届亚运会上取得优异成绩。2015 年，上海运动员在第一届全国青年运动会上获得 30 枚金牌、19 枚银牌和 28 枚铜牌。

飞人刘翔来自上海

全民健身

全民健身活动深入社区和家庭，广泛开展。至2015年末，上海已建成社区体育健身设施12000个，健身点9905个，社区健身场地面积452万平方米，社区公共运动场390个、共53.2万平方米。2012年，上海举办首届市民运动会，历时160天，吸引全市631万人次参与。2013年，创办市民体育大联赛，共举办10个大项赛事2669场，参赛市民达128.07万人次。2014年，成功举办第十二届全国学生运动会和第十五届市运会。

上海国际马拉松赛

GIORDANO
七重天賓館
SEVENTH HEAVEN HOTEL

体育设施

体育场馆是开展体育运动的载体。1949 年，旧中国留给上海的公共体育场馆仅 3 个。上海解放后，政府拨出专项经费对体育设施进行改建。短短几年内修复和扩建了沪南、江湾体育场，并相继增设了 14 个体育设施。改革开放以后，特别是 20 世纪 90 年代以来，上海体育事业蓬勃发展，有计划地兴建了一大批体育设施，先后新建了上海游泳馆、上海水上运动场、上海自行车赛车场、上海国际体操中心、上海体育场、虹口足球场、卢湾体育馆、浦东源深体育中心等一批拥有世界一流设施、造型新颖别致、富有时代气息的现代化体育场馆。同时还建成了上海射击运动中心、上海申花足球训练基地、上海残疾人体育中心、上海“东方绿舟”体育训练基地等现代化训练基地。

上海体育场

上海体育场是一座建筑造型新颖的大型综合体育设施，整个建筑呈直径 300 米圆型，巨型的马鞍形建筑气贯长虹。该体育场总建筑面积 15 万平方米，可容纳 8 万名观众，集体育比赛、文体表演、健身娱乐于一体，是具有国际标准的体育场。

上海国际赛车场

上海国际赛车场位于嘉定区安亭镇，占地面积5.3平方公里。该赛车场主赛道呈“上”字形，全长5.45公里，最高允许时速327公里。场内可容纳近20万观众，其中主、副看台观众席可容纳5万人。

上海F1国际赛车场

上海虹口足球场

上海虹口足球场是亚洲第一个专业足球场，总建筑面积 7.29 万平方米，观众席位 3.5 万个，另设 47 个包厢。该球场具有举办高水准国际国内足球比赛的功能。

上海东方体育中心

上海东方体育中心靠近上海世博会园区，总建筑面积16.38万平方米，是一个以水上项目为主的综合性体育场馆，包括可容纳1.2万人的综合馆，容纳5000人的游泳馆，容纳5000人的室外跳水池和一幢独立的行政大厦。

上海东方体育中心

多年来，随着国民经济的快速增长，综合国力的显著增强，城乡居民的生活水平不断跨越新台阶，总体上已达到比较宽裕的小康水平。上海人民从中国梦看到了美好的生活，从自己的切身利益中感受到这个梦和自己是密不可分的，愿意为之而奋斗，愿意为之而付出。

第六章

和谐社会

- 中国梦　人民梦
- 人民生活
- 劳动就业
- 社会保障与福利救助
- 新农村建设
- 饮食购物

中国梦 人民梦

习总书记说，“实现中国梦，就是要实现国家富强、民族振兴、人民幸福”。“中国梦”归根到底是人民的梦。“人民梦”就是期盼有更好的教育、更稳定的工作、更满意的收入、更可靠的社会保障、更高水平的医疗卫生服务、更舒适的居住条件、更优美的环境。一句话，就是安居乐业、衣食无忧、学有所教、老有所养、病有所医。多年来，随着国民经济的快速增长，综合国力的显著增强，城乡居民的生活水平不断跨越新台阶，总体上已达到比较宽裕的小康水平。上海人民从中国梦看到了美好的生活，从自己的切身利益中感受到这个梦和自己是密不可分的，愿意为之而奋斗，愿意为之而付出。

人民生活

居民收入

新中国成立后，上海用了差不多30年的时间才基本消灭了贫困，总体实现了温饱。1978年改革开放后，才逐步实现小康生活。据抽样调查，城市居民家庭人均年可支配收入由1978年的406元，到1994年达到5868元；1999年突破1万元，2006年突破2万元，2010年突破3万元，2012年突破4万元。从居民收入轨迹看，城镇人均可支配收入从1978年的406元增加到1985年的1075元，共花了7年时间；20世纪90年代，人均可支配收入每增加1000元平均只用1–2年时间，从1千元到1万元共花了14年；而从1万元到2万元只用了7年时间。2014年城市居民人均可支配收入达到47710元，比1978年增长116.5倍，农村居民家庭收入水平同步提高，人均年可支配收入由1978年的281元提高到2014年的21192元，增长74.4倍。2015年，全市居民人均可支配收入49867元，比上年增长8.5%。其中，城镇常住居民人均可支配收入56962元，增长8.4%；农村常住居民人均可支配收入23205元，增长9.5%。

城市居民家庭生活收支

年份	人均可支配收入（元）	人均消费性支出（元）
1990	2183	1937
2000	11718	8868
2005	18645	13773
2010	31838	23200
2011	36230	25102
2012	40188	26253
2013	43851	28155
2014	47710	21192

消费水平

随着城乡居民收入的不断增加、国家扩大内需政策的持续实施以及消费环境的日益改善，居民消费水平迅速提高。从上海市生产总值分配情况看，目前，上海最终消费占生产总值的比重达到 57.9%，比 1990 年提高 12 个百分点。

消费支出

随着城乡居民家庭收入的不断增加，居民消费支出水平日益提高。据抽样调查，2015 年，全市居民家庭人均消费性支出 34784 元。其中，城镇居民支出 36946 元，农村居民支出 16152 元。20 世纪 90 年代以来，各类消费支出全面增长。2014 年与 1990 年相比，城市居民家庭人均食品支出增长 8.8 倍，衣着支出增长 8.8 倍，家庭设备用品及服务支出增长 8.1 倍，医疗保健支出增长 130.7 倍，交通和通信支出增长 83.2 倍，娱乐教育文化服务支出增长 20.3 倍，居住支出增长 32.7 倍。在农民家庭人均生活消费支出中，医疗保健、交通和通信、娱乐教育文化服务支出增长较快。2014 年与 1990 年相比，医疗保健支出增长 38.6 倍，交通和通信支出增长 314.2 倍，文教娱乐用品及服务支出增长 17.1 倍。

消费结构

随着城乡居民消费水平的逐年提高，消费结构发生了明显的变化，生存型消费比重下降，发展型和享受型消费比重快速提升。据抽样调查，食品类消费比重（恩格尔系数）逐年下降。2014 年，城市居民恩格尔系数为 35%，比 1978 年下降 21 个百分点。城市居民用于医疗保健、交通和通信、教育文化娱乐服务、居住支出占消费性支出比重提高，而食品、衣着、家庭设备用品及服务支出比重下降。2014 年与 1990 年相比，医疗保健支出占消费性支出的比重上升 4.6 个百分点，交通和通信支出上升 13 个百分点，教育文化娱乐服务支出上升 4.3 个百分点，居住支出上升 5.3 个百分点，食品类支出下降 21.5 个百分点。

居住条件

居民居住条件显著改善。1949 年，市区人均居住面积仅为 3.9 平方米，“住房难”曾是较长时期困扰上海市民的突出问题。改革开放以来，尤其是 20 世纪 90 年代以来，党和政府为解决居住难问题，通过投资和分配体制改革，加快推进住宅建设和旧区改造，使居民住房条件得到大大改善。2000 年起，在如期完成 20 世纪“365 万平方米危棚简屋”改造的基础上，全面开展了新一轮旧区改造。2015 年，市区居民住房人均居住面积达到 18.1 平方米，比 1950 年增加 14.2 平方米。职工住宅、公寓、花园住宅、新式里弄占居住房屋面积比重从 1949 年的 33.7%上升到目前的 95% 以上；住宅成套率从 20 世纪 90 年代初的 30% 左右提高到 95% 左右。如今，上海的高楼鳞次栉比，勾画出上海美丽的空中轮廓线。2015 年末，市区有 8 层以上的高层建筑 40822 幢，比 2000 年增长 10.6 倍，其中层高 20 层以上的建筑 6906 幢，增长 3.7 倍。在郊区，大部分农户建造外观新颖、漂亮，室内宽敞、舒适的新楼房。

上海不断完善住房保障体系，各类保障房受益面继续扩大。2015年，新建筹措各类保障性住房和实施旧住房综合改造19.7万套，基本建成20.5万套。

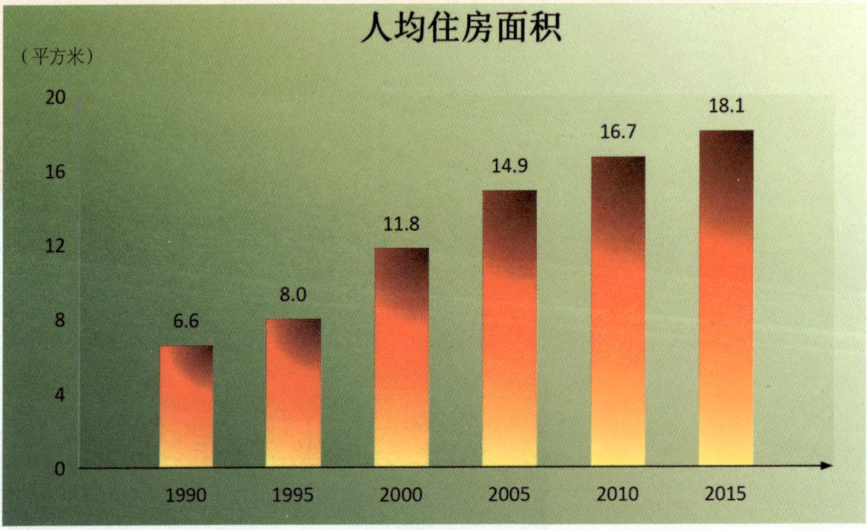

劳动就业

上海拥有丰富的劳动力资源，据第六次人口普查中按 10% 人口普查的资料显示：2010 年，上海劳动适龄人口为 1671.62 万人，占全市总人口的比重达到 72.6%，与 2000 年上海市第五次全国人口普查相比，劳动力资源总量增加了 510.02 万人，占总人口的比重上升了 1.8 个百分点。从在业人口年龄构成看，25-39 岁人口比重由 1990 年的 52.4% 下降至 44.9%，而 40-54 岁人口比重由 25% 上升到 31.1%；从在业人口受教育程度看，大专及大专以上文化程度在业人口比重为 28.3%，而小学及以下文化程度在业人口比重为 10.1%。

市场导向的就业机制基本建立，由产业结构调整引发的集中性劳动力结构调整平稳完成。1996年，建立再就业服务中心运作模式。至2000年末，累计有98.5万下岗人员进入中心，有91.4万人得到分流安置。实施“4050”工程，自2000年起连续三年实施“净增10万就业岗位”计划，共净增就业岗位35.09万个。2003年以来，上海新增就业岗位显著增加，由2003年的46.2万个增加到2014年的59.96万个，一批困难群众的就业问题得到解决。由于一系列促进就业制度改革措施的有力推进，就业规模不断扩大。1949年上海从业人员仅为250万人，1978年从业人员为698万人，2015年已增加到1361.51万人，比2000年增长82.7%。至2015年末，城镇登记失业率为4.1%。

上海不断完善重点领域人才开放机制，国家和本市海外高层人才“千人计划”顺利实施。至2015年末，累计有771人入选国家“千人计划”，676人入选上海“千人计划”。多层次职业培训体系不断完善。2015年，全市共完成职业培训51万人，其中农民工职业培训24.55万人。

2008年－2015年新增就业岗位情况

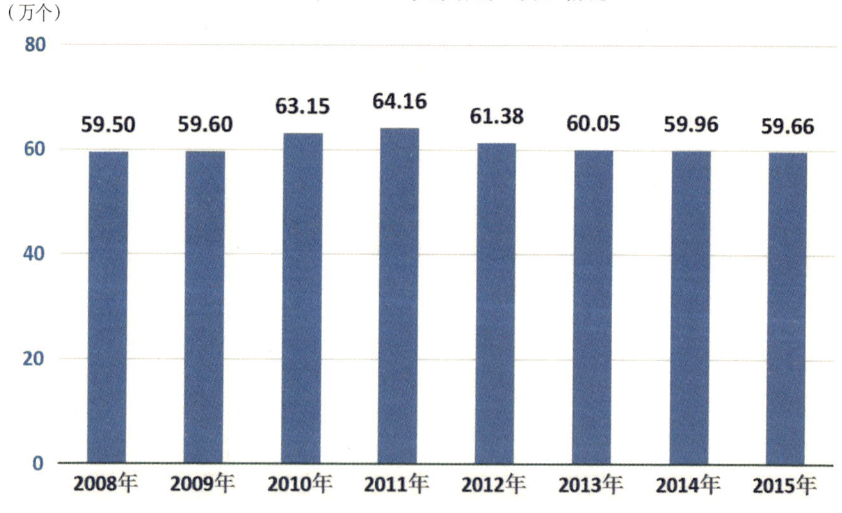

社会保障与福利救助

20世纪50年代初，我国城镇地区就开始建立社会保障制度，但长期以来在计划经济体制下的福利型社会保障制度的弊端日益显现。改革开放后，特别是进入20世纪90年代以来，上海社会保障体系建设取得了重大进展。以社会保障、社会救济、社会福利、优抚安置、社会互助为主要内容的多层次社会保障体系基本建立。至2015年末，上海共有1493.8万人（包括离退休人员）参加城镇职工基本养老保险，89.77万人参加城乡居民基本养老保险，1377.32万人（包括离退休人员）参加城镇职工基本医疗保险，城镇居民基本医疗保险参保人数（含普通高等院校学生）达262.87万人。

20世纪90年代初期，上海开始改革传统的社会救济制度，1993年在全国率先建立城镇居民最低生活保障线；1994年制定了农村居民最低生活保障线。同时，为确保困难市民的基本生活，对城乡居民最低生活保障标准根据物价水平的变化等因素进行适度调整。职工最低工资标准从2003年的每人每月570元提高到2015年的2020元，增长2.5倍；城镇最低生活保障标准从2005年的每人每月300元提高到790元，增长1.6倍；农村最低生活保障标准从2005年的每人每年2340元提高到9480元，增长3.1倍。2015年各级政府支出城镇居民最低生活保障金14.2亿元，农村居民最低生活保障金1.94亿元，粮油帮困资金0.55亿元，医疗救助金2.67亿元。

至2015年末，上海共有各类提供住宿的收养性社会服务机构706个，床位12.97万张，其中，养老机构699家，床位12.6万张。上海残疾人救助力度也不断加大。2015年，全市新办福利企业10家，新安置180名残疾人就业。

新农村建设

上海统筹推进城乡协调发展，新农村建设取得新进展。一是依托沪杭、沪宁等骨干交通建设项目，以及不同城镇的产业基础和经济优势，发展不同特色的工业重镇（如安亭）、商贸集镇（如枫泾）、旅游古镇（如朱家角）、港口城镇（如高桥）等。二是以小城镇户籍管理改革试点、国家级小城镇建设试点和小城镇综合改革试点为抓手，有力地促进了郊区小城镇建设，涌现出奉贤洪庙镇、松江小昆山镇、青浦华新镇、嘉定马陆镇等一批新型农村集镇。“十五”期间，上海以郊区新城和中心镇为重点，开展了松江新城，以及朱家角、安亭、高桥、浦江等“一城九镇”的试点城镇建设工作，为郊区城镇建设创新走出了一条新路，也为新郊区新农村建设开了一个好头。目前，上海积极推进新城建设，基础设施加快完善，公共服务配套不断加强，综合改革试点稳步推进，新城综合功能不断提升。

朱家角古镇夜景

上海郊区农村改革发展加快推进。2015年，完成156公里中小河道整治、2455公里中小河道疏浚。完成100个村庄改造，1032户农村危旧房改造。

枫泾古镇水上人家婚礼

饮食购物

上海素有“美食天堂”之称，汇聚世界各国的饮食文化，开设有3万多家中式、西式、休闲型、快餐连锁型餐饮企业。西餐汇聚了意大利、法国、日本、葡萄牙、印度等30多个国家和地区的风味；中餐则汇聚了苏、锡、宁、徽、川等近20个地方风味，并拥有著名的老城隍庙、云南路、黄河路、乍浦路、仙霞路等饮食文化区。

本帮菜是上海本地风味的菜肴，特色可用浓油赤酱概括。常用的烹调方法以红烧、煨、糖为主，品味咸中带甜，油而不腻。本帮炒菜中，荤菜中特色菜有响油鳝糊、油爆河虾、油酱毛蟹、锅烧河鳗、红烧圈子、佛手肚膛、红烧回鱼、黄焖栗子鸡等，真正体现本帮菜浓油赤酱的特点。上海蔬菜按季节不同有各种时令菜。马兰头、荠菜、鸡毛菜、上海小油菜等都非常清爽。上海市民的早点有“四大金刚”：大饼、油条、粢饭、豆腐浆。

上海也是名闻遐迩的“购物乐园”，“中华商业第一街”南京路、繁华高雅的淮海路是全国著名的商业大街；正大广场、港汇广场、恒隆广场等商业设施更是时尚商品、顶级品牌云集。

寿

老城隍庙

老城隍庙汇聚了具有浓郁海派文化特色的古玩商品市场和餐厅、茶楼，主要有华宝楼古玩市场、藏宝楼古玩工艺品市场等，还集中了南翔小笼、三丝眉毛酥、桂花拉糕、鸽蛋圆子、八宝饭等上海著名小吃。老城隍庙以丰富的商品、独特的经营、周到的服务，吸引了众多的海内外游客。

云南路美食街

云南路美食街位于延安路和西藏路交界处，汇聚了上海本帮、川、鲁、淮扬等各菜系餐厅，最知名的美食有北京烤鸭、盐水鸭、排骨年糕、白斩鸡、火锅等，吸引了海内外众多食客。

南京路商业街

上海南京路素有“中华商业第一街”的美称。自19世纪初兴起后，逐渐发展成上海最繁华的商业街。近年来，南京路上不仅又有一些新兴购物商家开业，更吸引了许多老字号重返。其中第一百货商店、新世界商厦、东方商厦、永安百货、置地广场等大型商场成为中外游客的购物天堂。

永安百货

淮海路商业街

上海的淮海路商业街繁华高雅，体现了都市休闲购物文化的时代水准。商业街上，各商家装潢典雅、风格各异，商品广纳精品、琳琅满目，开设有大上海时代广场、香港广场、中环广场、太平洋百货、巴黎春天、百盛购物等大型商厦。

徐家汇

徐家汇是上海西南地区最重要的商业中心和公共活动中心。中心广场占地 1.2 平方公里，集购物、休闲于一体，汇聚了港汇广场、东方商厦、太平洋百货、汇金百货、美罗城、汇联商厦等一批知名商场。

上海积极推进文化基础设施建设，大力发展公共文化、培育文化创意产业。建成上海博物馆、上海图书馆、上海大剧院、上海文化广场、上海书城、上海城市规划展示馆、上海科技馆、东方艺术中心、东方绿舟、中华艺术宫、上海当代艺术博物馆等一批公益性和功能性文化娱乐场所。

第七章

多彩文化

- 文化设施
- 文化艺术
- 创意园区
- 非物质文化遗产

文化设施

新中国成立初期，上海拥有文化娱乐场所300多家。改革开放以后，上海迎来了文化艺术春天，文化设施建设投入大幅度增加。20世纪90年代以来，上海积极推进文化基础设施建设，大力发展公共文化、培育文化创意产业。建成上海博物馆、上海图书馆、上海大剧院、上海文化广场、上海书城、上海城市规划展示馆、上海科技馆、东方艺术中心、东方绿舟、中华艺术宫、上海当代艺术博物馆等一批公益性和功能性文化娱乐场所。至2015年末，全市拥有市、区（县）级文化馆、群众艺术馆25个，艺术表演团体233个，公共图书馆25个，档案馆44个，博物馆100个。

上海图书馆

上海图书馆建筑面积8.3万平方米，馆藏文献5095万册，设有各类阅览室和专室32个，阅览座位3000多个，个人研究室20间。此外，上海图书馆还有展览厅、报告厅，等可供举办中外文化展示、学术交流等活动。

上海博物馆

上海博物馆在国内外享有盛誉。该馆建筑总面积 3.92 万平方米，建筑造型“上圆下方”，珍藏历史艺术文物逾 11.2 万件。该馆设有中国古代青铜馆、中国古代雕塑馆、中国古代陶瓷馆、中国历代书法馆、中国古代玉器馆、中国历代钱币馆、中国明清家具馆、中国少数民族工艺馆等 12 个专题陈列室。

上海文化广场

上海文化广场建筑面积达 6.49 万平方米，是以音乐剧为主体的多功能剧场，能提供 2010 个座位。

上海大剧院

上海大剧院是具有国际先进水平的剧院，总建筑面积 6.28 万平方米，拥有 3 个剧场，可以举办世界一流水准的芭蕾舞、歌剧、交响乐及戏剧等演出。

上海城市规划展示馆

上海城市规划展示馆是目前世界最大的综合性城市规划展示馆。该馆建筑面积 1.84 万平方米，顶部由四片硕大的连体薄壳造型组成，犹如盛开的上海市市花白玉兰。展馆陈列着上海核心地区的巨大模型，面积达 800 平方米。展馆地下为老上海特色街，体现老上海风情。

上海科技馆

上海科技馆以“自然、人、科技”为主题，是上海重要的科普教育基地和休闲旅游基地。该馆建筑面积 9.8 万平方米，设有地壳探秘、生物万象、智慧之光、视听乐园、设计师摇篮、儿童科技园、自然博物 7 个展区，每年可接待观众 300 万人次。

中华艺术宫

2012 年开馆试展的中华艺术宫在原上海世博会中国馆内落成，总建筑面积 16.69 万平方米，展示面积 6.4 万平方米，拥有阳光展厅、专题展厅、“名家馆”等 27 个展厅以及影视报告厅、公共艺术图书馆等功能设施，是具有收藏保管、学术研究、陈列展示、普及教育和对外交流等基本职能的艺术博物馆，收藏、展示和陈列反映中国近现代美术的起源与发展脉络的艺术珍品。

东方艺术中心

上海东方艺术中心总建筑面积近4万平方米，整个建筑犹如五片绽放的花瓣，组成一朵硕大美丽的“蝴蝶兰”。该中心由1953座的东方音乐厅、1020座的东方歌剧院和333座的东方演奏厅组成，拥有世界一流的舞台声光设备，可满足交响乐、芭蕾、音乐剧、歌剧、戏剧等演出的需要。

东方绿舟

东方绿舟是中国首屈一指的青少年素质教育基地，占地面积3700多公顷，分勇敢智慧区、知识大道区、生存挑战区、运动训练区等八大园区。园内有17万平方米大草坪、11万株大树、400余种花卉，形成了自然景观和人文景观的奇妙结合。

上海当代艺术博物馆

2012年开馆试展的上海当代艺术博物馆选址在原上海世博会城市未来馆，总建筑面积达到4.1万平方米，是中国大陆第一家公立的当代艺术博物馆，也是集当代艺术展览、收藏、研究、交流、体验教育等功能于一体的标志性城市公共文化活动中心。

文化艺术

文化艺术事业呈现欣欣向荣的发展局面。上海每年举办的中国上海国际艺术节、上海国际电影节、上海国际电视节、上海之春国际音乐节、上海国际旅游节、上海图书节等一系列大型中外文化交流活动，体现了上海国际大都市的文化水准。文化艺术重点支持高雅艺术和优秀作品的创作与演出。近年来创作的优秀长篇小说、话剧、昆剧、歌剧、木偶剧等一批优秀剧目，获得广泛赞誉。在第十五届中国电影华表奖评选中，上影集团出品的《辛亥革命》和《西藏的天空》分别获得优秀故事片奖与优秀民族影片奖；电视剧《焦裕禄》、《誓言今生》、《浮沉》、《悬崖》、《心术》获第二十九届中国电视剧“飞天奖”；上海芭蕾舞团《简·爱》和上海歌舞团《一起跳舞吧》荣获第九届中国舞蹈“荷花奖”、舞剧·舞蹈诗作品金奖。昆剧《景阳钟》和沪剧《挑山女人》分别荣获第十四

第十六届上海国际电影节颁奖

“2011上海夏季音乐节”在上海文化广场音乐厅举行

届文华奖“文华优秀剧目奖”，儿童剧《彩虹》获剧目奖。

与此同时，群众性文化活动广泛开展。上海旅游节、徐汇桂花节、南市民俗文化庙会、南汇桃花节、长兴柑橘节、奉贤国际风筝节等民俗文化活动受到市民欢迎。2015年，市民参与文化活动人数达到1233.9万人次，博物馆共接待观众1534.49万人次。

新闻出版

新中国成立初期，上海仅有报纸17种，杂志88种。改革开放后，上海的报刊杂志出版事业发展迅速，各种报刊杂志内容丰富，门类繁多，富有特色。2015年，上海共出版报纸10.8亿份，98种，比1990年增加17种。《解放日报》、《文汇报》、《新民晚报》、《劳动报》、《青年报》等在市内外均有较大的影响。2015年，上海出版杂志1.27亿册。涌现出一批在全国颇有影响的优秀杂志。上海曾是中国近代新闻出版事业的发源地和全国最大的出版基地之一，拥有如上海人民出版社、上海文艺出版社等具有较大规模和影响的出版社。2015年，上海出版图书3.53亿册。《清代诗文集汇编》、《钱学森文集》(1938–1956海外学术文献）等获第十二届上海图书奖特等奖,《春尽江南》、《黑天鹅紫水晶》、《贺友直自说自画》等获第十二届上海图书奖一等奖,《珍藏马思聪》、《评话三国——诸葛亮出山》获第八届中国金唱片奖。

上海报业集团的新媒体转型改革不断深化。2013年10月28日，由解放日报报业集团和文汇新民联合报业集团整合重组的上海报业集团正式成立。这是上海贯彻落实中央精神，加快传统媒体和新媒体融合发展，打造“形态多样、手段先进、具有强大传播力和竞争力的新型主流媒体”的重要举措。

作为中国第一大报业集团，上报集团优化报业结构，突出报纸特色，发力新媒体平台。集团下属的《解放日报》、《文汇报》、《新民晚报》等主流媒体在2016年全面向新媒体转型，“上海观察”、“澎湃新闻”、“界面”、全英文媒体Sixth Tone等新媒体项目相继涌现，成为媒体融合中备受关注的“现象级”项目。

出版基本情况

指标	单位	2000年	2005年	2010年	2014年	2015年
图书出版量	亿册	2.54	2.59	2.89	3.26	3.53
期刊出版量	亿册	1.85	1.90	1.78	1.45	1.27
报纸出版量	亿份	16.77	19.06	15.90	12.01	10.80

尼采的心灵咒语
尼采的心灵咒语
人·为什么活着

上海国际电视节

广播电影电视

上海是中国广播电影电视业发源地之一，随着时代进步不断得到发展。1949 年 5 月 27 日，上海人民广播电台在解放上海的硝烟中诞生，当时仅有 1 套节目，平均每日播放 9 小时 20 分。上海电视台于 1958 年 10 月 1 日开始试播。60 多年来，上海广播电影电视事业不断发展，走进了千家万户乃至全国各地。20 世纪 90 年代东方广播电台和东方电视台先后成立，使广播电视业形成了多台并存、分工合作，相互竞争，相互促进的新局面。广播电视播放时间延长，节目丰富多彩。2015 年，全市共有公共广播节目 21 套，比 1990 年增加 11 套；公共电视节目 25 套，增加 20 套。全年有线电视用户 745.5 万户，有线数字电视用户 670.7 万户。生产电视剧 52 部，共 2012 集；动画电视 3318 分钟。2015 年，上海共放映电影 196 万场，观众近 7301 万人次。

创意园区

近年来上海通过与产业发展结合，与工业布局调整和保护历史建筑结合，与区域功能特色结合，推动创意产业发展。目前，全市创意产业园区涉及工业设计、室内设计、建筑设计、广告设计、服装设计、游戏软件、动漫艺术、网络媒体、时尚艺术、影视制作、品牌发布、工艺品制作等多种产业门类，兴起了“创意仓库”、“周家桥创意中心”、宜昌路“e 仓”、莫干山路“M50”、昌化路“静安创意产业园”等一批创意产业园区。

创意仓库

创意仓库位于苏州河北岸光复路 181 号，总建筑面积 2 万多平方米。创意仓库现已进驻 10 多家创意设计公司、40 多家企业，其中大部分是有境外背景的创意工作室，以城市规划、建筑设计、环境艺术为主。

M50

位于莫干山路的 M50，是目前苏州河畔保留最完整的民族纺织工业建筑遗存。园区建筑面积 4.1 万平方米，以视觉艺术、时尚创意为主题，吸引了 14 个国家和地区及国内 10 多个省市的 80 多家企业入驻，是目前上海最具规模和影响力的创意产业基地。

同乐坊

位于静安区西康路、余姚路的同乐坊建筑面积2万平方米，20世纪曾是上海最著名的“弄堂工厂”集聚区。同乐坊由22个小部分组成，主打“文化、休闲、创意”，时尚娱乐和文化休闲产业兼备。

八号桥

位于黄浦区建国中路的八号桥总建筑面积12万平方米，其中80%为办公楼，楼宇之间以桥连接。目前，该园区已吸引来自不同地区和领域的创意类、艺术类、时尚类入驻企业40多家，成为名副其实的创意策源地和文化时尚聚集地。

田子坊

位于泰康路210弄的田子坊面积7万余平方米，在20世纪50年代老厂房和旧民居基础上建设而成，老厂房和旧民居的犬牙交错成为其鲜明的特色。园区内创意工作室、绸缎庄、咖啡馆、茶楼等精彩纷呈，成为历史与现代风情交融的创意乐园。

尚街

位于徐汇区嘉善路的尚街，系由三枪制衣厂老厂房改造而成的时尚生活区。区域内云集国际服装研发机构、时尚会所和创意家居，吸纳了顶级国际时装、造型设计、时尚制作等专业团队，形成庞大的创意体系。

上海城市雕塑艺术中心

上海城市雕塑艺术中心位于长宁区淮海西路，利用原上钢十厂的旧厂房改造而成，最大限度地保持了原有的空间特征及生态感。园区总展示面积2万平方米，引进有各类设计工作室、手工作坊等，并将建成多媒体生产园区。

非物质文化遗产

上海在漫长的文明史发展的进程中，不仅留传下来珍贵的物质文化遗产，重要的是，还以口头或动作的方式积淀了十分丰富、颇具生命力的大量非物质文化遗产。非物质文化遗产体现了上海人民的传统理念、审美个性和文化精神，成为见证上海城市文脉的活化石，以致我们在回答什么是“上海人”海派文化时，竟不能离开体现上海特色的语言、习俗、传说、歌谣、节庆、艺术等非物质文化遗产。透过这些文化符号，上海城市文脉的社会、历史、文化内涵变得更加具象、更加丰富、更加生动。

上海市非物质文化遗产是由上海市文化广播影视管理局认定、上海市人民政府批准公布的省级非物质文化遗产。自 2007 年起每两年公布一次。包括：传统音乐、传统舞蹈、传统戏剧、曲艺、民间文学、传统体育、游艺与杂技、传统美术、传统技艺、传统医药、民俗等项目。第一批公布的非物质文化遗产目录共 83 项，第二批共公布 45 项，第三批共公布 29 项。如，传统音乐江南丝竹、上海港码头号子、月浦锣鼓等；传统舞蹈有奉贤的滚灯、闵行的手狮舞、南汇的买盐茶等。

文化老码头与非物质文化遗产

从开埠之日起，上海“通商码头”的定位就为各种文化和文明在上海的交汇、交流与交融提供了便利。频繁进出的商船，不仅带来了丰富的生活物资，还带来了东西南北各具特色的文化，于是“通商码头”衍生为“文化码头”。一个剧种、一个戏班、一个演员，不管出自哪里，名气如何，规模多大，往往都想到上海靠一靠，走一走，露一露。因为“只有在上海红了，那才是真正的红”。如今作为非物质文化遗产受到充分保护的京、昆、越、淮等剧种，无不是发轫于其他地区而成就于上海文化“老码头”。如俗称“水磨腔”的昆曲发源于江苏昆山，却在上海地区兴盛发展。虽然京剧的源头可追溯到徽班进京，但“京剧”的称呼第一次是在《申报》上出现的，而且现代京剧代表梅兰芳、程砚秋、尚小云、荀慧生“四大家”都与上海有着紧密联系；“麒派”周信芳在上海崛起。越剧的前身是浙江嵊县一带流行的说唱形式“落地唱书”，自从小歌班进入上海后才逐步兴旺起来，上海《新闻报》演出广告中首次以“越剧”称之。起源于江苏盐城等地的江淮戏，到了上海以后才逐步过渡为剧场艺术，并形成了丰富的流派形式和演出剧目。

工业文明与非物质文化遗产

作为近代中国最重要的工业基地，上海在20世纪20年代，铁路、纺织、港口等产业初具规模，留下了丰富的工业文明。从黄浦江畔享有“中国工业摇篮”美称的江南造船厂到以后相继诞生的中国第一家发电厂、第一家煤气厂、第一家水厂、第一家纺织厂，其规模在当时均号称远东第一。上海传统工业企业在整个近现代中国经济发展历程中发挥了重要作用，留下了大批珍贵的民族工业文化遗存，不仅包括老厂房、老建筑等物质文化遗产，还包括依附于这些老厂房、老建筑的非物质文化遗产。全国供水行业建厂最早的杨树浦自来水厂由一幢幢英式建筑组成，展示着上海公用事业发展的历程和丰富的文化底蕴。有着140年历史的江南造船厂囊括了很多中国第一，浓缩了中国民族造船史、近代科技发展史、近代工业发展史以及近代国防工业发展史。苏州河两岸老厂房的背后都有生动的故事，将这些故事串起来就是动人的非物质文化遗产。

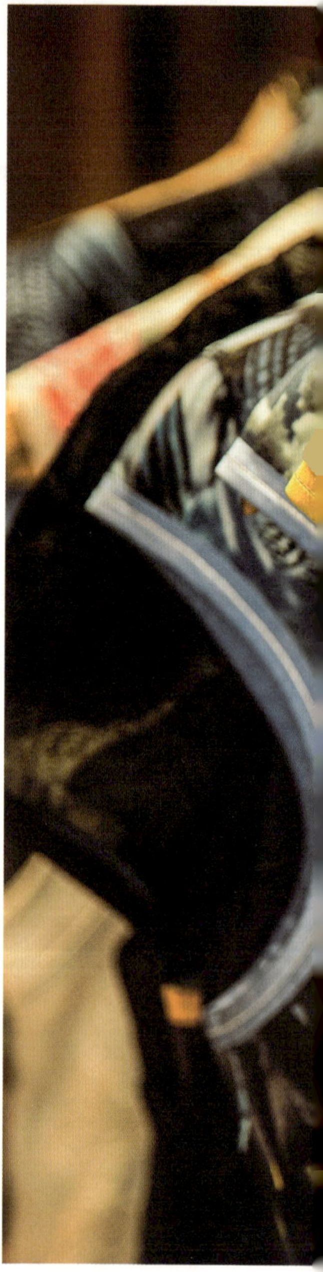

上海市纺织博物馆

城市风情与非物质文化遗产

上海是一座既传统又现代的城市，既精致又很有风情的城市。上海的风情摇曳在外滩璀璨的灯火中，萦绕在低声呢哝的吴语中，渗透在弄堂亲和的气息中，蕴含在独具特色的民俗民风、传统手工技艺等非物质文化遗产中。以那些历经风雨留存下来的上海老字号为例，承载的是各种传统技艺、工艺和专有品牌、经营理念，凝结的是上海人的商业智慧、生存睿智和诚信理念，展示的是上海商业文化的发达和商业文明的魅力。光顾这些老字号，就能聆听时空的回音，阅读历史的沧桑，重温跌宕的过去，感受城市的风情，进一步增强民族的自豪感和文化的认同感。

到2020年，形成具有全球影响力的科技创新中心基本框架，走出创新驱动发展新路，为推进科技创新、实施创新驱动发展战略走在全国前头、走到世界前列奠定基础。适应社会主义市场经济发展，建立健全更加成熟、更加定型的国际化、市场化、法治化制度规范，基本建成国际经济、金融、贸易、航运中心和社会主义现代化国际大都市，在更高水平上全面建成小康社会，让全市人民生活更美好。

第八章

前景目标

- “十三五”时期经济社会发展奋斗目标
- “十三五”时期经济社会发展主要目标

“十三五”时期经济社会发展奋斗目标

“十三五”时期上海经济社会发展的奋斗目标是：到 2020 年，形成具有全球影响力的科技创新中心基本框架，走出创新驱动发展新路，为推进科技创新、实施创新驱动发展战略走在全国前头、走到世界前列奠定基础。适应社会主义市场经济发展，建立健全更加成熟、更加定型的国际化、市场化、法治化制度规范，基本建成国际经济、金融、贸易、航运中心和社会主义现代化国际大都市，在更高水平上全面建成小康社会，让全市人民生活更美好。

“十三五”时期经济社会发展主要目标

到 2020 年的主要目标是：

——创新驱动整体提速，发展质量和效益持续提高，全市生产总值预期年均增长 6.5% 以上，一般公共预算收入与经济保持同步增长，到 2020 年人均生产总值达到 15 万元左右，全员劳动生产率达到 24.5 万元 / 人左右；服务业增加值占全市生产总值比重达到 70% 左右，战略性新兴产业增加值占全市生产总值比重达到 20% 左右；全社会研发经费支出相当于全市生产总值的比例保持在 3.5% 以上，每万人口发明专利拥有量达到 40 件左右，主要劳动年龄人口受过高等教育的比例达到 40%。

——人民生活水平和质量普遍提高，就业机会更加充分，创业更加活跃，城镇调查失业率稳定在5.5%以内，力争到2020年居民人均可支配收入比2010年翻一番，市民享有公平优质多样化教育，平均期望寿命保持世界先进水平，覆盖城乡的基本公共服务均等化全面实现，城乡发展差距明显缩小，社会保障更加公平、更加完善，公共交通出行更为便捷高效，城市更有序、更安全、更干净。

——文化软实力显著增强，中国梦和社会主义核心价值观更加深入人心，市民文明素质和城市文明程度全面提高。重大功能性文化设施布局和公共文化服务体系基本形成，文化产业成为重要支柱产业。文化原创力充分激发，基本建成更加开放包容的国际文化大都市。

——生态环境持续改善，到2020年，能源消费总量控制在1.25亿吨标准煤以下，单位生产总值能耗和主要污染物排放量进一步降低，PM2.5年平均浓度下降至42微克/立方米左右，水环境质量全面改善，人均公园绿地面积达到8.5平方米，森林覆盖率达到18%。

——依法治理能力全面提升，基本建成法治政府，法治政府建设走在全国前列，社会诚信体系更加健全，公共安全体系基本形成，基层社会治理体系不断完善，人民权益得到切实保障，社会公平正义得到有效维护。

2013年8月，国务院正式批准设立中国（上海）自由贸易试验区（以下简称“上海自贸试验区”）。上海自贸试验区肩负着我国在新时期加快政府职能转变、积极探索管理模式创新、促进贸易和投资便利化，为全面深化改革和扩大开放探索新途径、积累新经验的重要使命，是国家战略需要。

第九章

区域特色

- 上海自贸试验区
- 世界城市日
- 信息公开
- 服务热线

上海自贸试验区

2013 年 8 月，国务院正式批准设立中国（上海）自由贸易试验区（以下简称“上海自贸试验区”）。上海自贸试验区肩负着我国在新时期加快政府职能转变、积极探索管理模式创新、促进贸易和投资便利化，为全面深化改革和扩大开放探索新途径、积累新经验的重要使命，是国家战略需要。

2015 年 4 月，国务院批复了上海自贸试验区的深化改革方案，标志着上海自贸试验区建设进入了一个新的阶段。下一步，上海将紧紧围绕国家战略，坚持以制度创新为核心，着力把上海自贸试验区建设与浦东综合配套改革相结合，着力把上海自贸试验区建设与上海“四个中心”建设相结合，着力把上海自贸试验区建设与科技创新中心建设相结合，着力把上海自贸试验区建设与“一带一路”和长江经济带发展相结合。努力建成开放度最高的自由贸易园区。

实施范围

中国（上海）自由贸易试验区，是中国政府设立在上海的区域性自由贸易园区，位于浦东境内，属中国自由贸易区范畴。2013 年 9 月 29 日中国（上海）自由贸易试验区正式成立，面积 28.78 平方公里，涵盖上海市外高桥保税区、外高桥保税物流园区、洋山保税港区和上海浦东机场综合保税区等 4 个海关特殊监管区域。2014 年 12 月 28 日全国人大常务委员会授权国务院扩展中国（上海）自由贸易试验区区域，范围由原来的 4 个区域，加上陆家嘴金融片区、金桥开发片区、张江高科技片区，面积扩大 4.2 倍，达到 120.72 平方公里，占浦东新区总面积的 10%。这部分区域是浦东新区经济体量最大、最集中的区域，意味着浦东新区要在上海自贸试验区改革试点取得重要阶段性成果的基础上，进一步扩大先行先试，以制度创新为核心，把经验推广到全区范围。

上海外高桥保税区濒临长江入海口，地处黄金水道和黄金岸线交会点，紧靠外高桥港区，规划面积 10 平方公里，已封关运作面积 8.9 平方公里，是全国第一个，也是目前全国所有海关特殊监管区域中经济总量最大、经济效益最好的保税区。

上海外高桥保税物流园区紧临外高桥港区，封关面积 1.03 平方公里，是中国首家区港联动保税物流园区，可同时享受保税区、出口加工区相关政策和上海港的港航资源。2015 年，外高桥港区货物吞吐量达到 1.64 亿吨，比上年增长 13.3%；集装箱吞吐量 1816.14 万标箱，增长 15.2%。

洋山保税港区由位于上海芦朝港的陆域部分、东海大桥和位于浙江嵊泗的小洋山港口区域组成，规划面积 14.16 平方公里，已封关面积 8.14 平方公里，是上海市和浙江省跨区域合作建设、实行海关特殊监管的经济功能区。2015 年，洋山港区货物吞吐量达到 1.38 亿吨，比上年下降 2.7%；集装箱吞吐量 1540.7 万标箱，增长 1.4%。

上海浦东机场综合保税区位于浦东机场第三跑道西侧，北通外高桥保税区，南达洋山保税港区，已封关面积 3.59 平方公里，是浦东新区东海岸线的区域中心节点之一。浦东机场综合保税区实行保税物流区域与机场西货运区一体化运作，具有浦东机场亚太航空复合枢纽港优势，是上海临空服务产业发展的先导区。

陆家嘴金融片区共 34.26 平方公里，东至济阳路、浦东南路、龙阳路、锦绣路、罗山路，南至中环线，西至黄浦江，北至黄浦江。是上海国际金融中心建设的核心区域、上海国际航运中心的高端服务区，以及上海国际贸易中心的现代商贸集聚区。2015 年，陆家嘴金融贸易区实现金融业增加值 1605.98 亿元，比上年增长 25.4%，占全市金融业增加值的比重为 39.6%；年末金融机构数为 754 个，增长 3.6%。年末认定跨国公司地区总部 90 个，占全市的比重为 16.8%。

金桥开发片区共 20.48 平方公里，东至外环绿带，南至锦绣东路，西至杨高路，北至巨峰路。是上海重要的先进制造业核心功能区、生产性服务业集聚区、战略性新兴产业先行区和生态工业示范区。2015 年，金桥经济技术开发区实现工业总产值 1825.63 亿元，比上年下降 10.3%。生产性服务业经营收入 3077.28 亿元，增长 1.5%。

地理位置

张江高科技片区共37.2平方公里，东至外环线、申江路，南至外环线，西至罗山路，北至龙东大道。是上海贯彻落实创新型国家战略的核心基地，也是推进上海具有全球影响力的科技创新中心的关键载体。区内形成了集成电路，软件和生物医药科技产业基地，国家信息产业基地等9个国家级基地，以及多模式、多类型的创新创业孵化体系。2015年，张江高科技园区电子信息产品制造业产值419.54亿元，比上年增长10.6%；高技术产业产值648.33亿元，增长8.3%。

中国(上海)自由贸易试验区
CHINA (SHANGHAI) PILOT FREE TRADE ZONE

发展历程

1990 年 6 月，外高桥保税区批准设立。

2003 年 12 月，外高桥保税区物流园区批准设立。

2005 年 6 月，洋山保税港区批准设立。

2009 年 7 月，浦东机场综合保税区批准设立；11 月，上海综合保税区管理委员会组建。

2011 年 11 月，第十一届世界自由贸易区大会在上海成功召开。

2012 年 11 月，上海首次正式提出“探索建立符合国际惯例的自由贸易园区”。

2013 年 3 月，国务院总理李克强在上海调研，鼓励上海建立自贸试验区；7 月，国务院常务会议原则通过了《中国（上海）自由贸易试验区总体方案》；8 月，国务院正式批准设立中国（上海）自由贸易试验区；9 月，中国（上海）自由贸易试验区挂牌成立。

2014 年 7 月，2014 年修订版上海自贸试验区“负面清单”公布；12 月，国务院召开常务会议，部署推广上海自贸试验区围绕外商投资负面清单管理、贸易便利化、金融服务业开放、完善政府监管制度等，形成一批可复制、可推广经验做法；决定在广东、天津、福建特定区域再设三个自贸试验区，以上海自贸试验区试点内容为主体，结合地方特点，充实新的试点内容，并批复同意上海自贸试验区扩展区域。

2015 年 4 月 20 日，国务院批准《进一步深化中国（上海）自由贸易试验区改革开放方案》。

阶段成果

至2015年末，上海落实深化中国（上海）自由贸易试验区改革开放方案，完成自贸试验区扩区和管理体制调整，制定实施自贸试验区改革经验全市推广方案，投资管理、贸易监管、金融创新、事中事后监管等领域改革创新举措全面深化，一批制度创新成果加快推广。上海自贸试验区全年共新登记注册企业1.8万家，吸引合同外资、对外直接投资占全市比重分别超过60%和50%，跨境人民币结算总额、跨境双向人民币资金池收支总额分别比上年增长2.7倍和4.2倍。

投资管理制度主要进展：

深化商事登记制度改革，推行“先照后证”改革试点，实施企业准入“单一窗口”制度，实现企业新设、变更的“一口受理、信息共享、并联办事、统一发证”；

第一批、第二批服务业和制造业54项扩大开放措施全面落实，累计超过1300个项目落地；

对登记住所在浦东新区的设立未满三年，未开业或无债权债务且未被计入经营异常名录的有限责任公司、合伙企业，试点开展简易注销登记改革。

贸易监管制度主要进展：

创新“一线放开、二线安全高效管住、区内自由”的监管制度，海关、检验检疫等部门推出“执法清单式管理”、“空检海放”等一系列改革创新举措；

国际贸易“单一窗口”1.0版正式运行，2.0版建设加快推进；

扩大外贸集装箱沿海捎带、启运港退税政策覆盖面，获批开展货物状态分类监管物流配送模式试点，启动实施航运保险产品注册制改革。

金融开放创新主要进展：

《进一步推进中国（上海）自由贸易试验区金融开放创新试点，加快上海国际金融中心建设方案》出台实施，推出40条金融改革具体措施；

人民银行上海总部发布自由贸易账户境外融资细则，扩大境外融资规模和渠道，启动自由贸易账户外币服务功能，共有42家机构接入分账核算单元体系，跨境收支总额超过4.4万亿元；

跨境人民币业务增长迅速，自试点以来新增跨境人民币结算额1.5万亿元，累计246家企业发生跨境双向人民币资金池业务，资金池收支总额达4775亿元；

黄金国际板正式运行，全年累计成交4795吨，占上海黄金交易所黄金交易量的14.1%。

事中事后监管主要进展：

完善企业年报公示制度和经营异常名录制度，强化社会力量参与市场监督；

加强社会信用体系建设，建立浦东新区公共信用信息服务平台；

行政审批制度改革继续深化，市级部门向浦东新区进一步下放 151 项行政审批事项。

2015 年中国（上海）自由贸易试验区主要经济指标及其增长速度

指　标	单位	绝对值	比上年增长（%）
税收总额	亿元	1022.20	6.8
商品销售额	亿元	26866.48	6.0
服务业营业收入	亿元	3599.06	4.0
保税区域航运物流服务收入	亿元	1200.00	持平
工业总产值	亿元	3901.03	−3.3
对外直接投资中方投资额	亿美元	229.10	6.2 倍

深化发展目标

按照党中央、国务院对自贸试验区“继续积极大胆闯、大胆试、自主改”、“探索不停步、深耕试验区”的要求，深化完善以负面清单管理为核心的投资管理制度、以贸易便利化为重点的贸易监管制度、以资本项目可兑换和金融服务业开放为目标的金融创新制度、以政府职能转变为核心的事中事后监管制度，形成与国际投资贸易通行规则相衔接的制度创新体系，充分发挥金融贸易、先进制造、科技创新等重点功能承载区的辐射带动作用，力争建设成为开放度最高的投资贸易便利、货币兑换自由、监管高效便捷、法制环境规范的自由贸易园区。使上海自贸试验区成为我国进一步融入经济全球化的重要载体，推动“一带一路”建设和长江经济带发展，做好可复制可推广经验总结推广，更好地发挥示范引领、服务全国的积极作用。

深化改革措施

一、加快政府职能转变

——完善负面清单管理模式；
——加强社会信用体系应用；
——加强信息共享和服务平台应用；
——健全综合执法体系；
——健全社会力量参与市场监督制度；
——完善企业年度报告公示和经营异常名录制度；
——健全国家安全审查和反垄断审查协助工作机制；
——推动产业预警制度创新；
——推动信息公开制度创新；
——推动公平竞争制度创新；
——推动权益保护制度创新；
——深化科技创新体制机制改革。

二、深化与扩大开放相适应的投资管理制度创新

——进一步扩大服务业和制造业等领域开放；
——推进外商投资和境外投资管理制度改革；
——深化商事登记制度改革；
——完善企业准入“单一窗口”制度。

三、积极推进贸易监管制度创新

——在自贸试验区内的海关特殊监管区域深化“一线放开、二线安全高效管住”贸易便利化改革；
——推进国际贸易“单一窗口”建设；
——统筹研究推进货物状态分类监管试点；
——推动贸易转型升级；
——完善具有国际竞争力的航运发展制度和运作模式。

四、深入推进金融制度创新

——加大金融创新开放力度，加强与上海国际金融中心建设的联动。

五、加强法制和政策保障

——健全法制保障体系；

——探索适应企业国际化发展需要的创新人才服务体系和国际人才流动通行制度；

——研究完善促进投资和贸易的税收政策。

世界城市日

世界城市日，出自2010年10月31日上海世博会高峰论坛上发布的《上海宣言》中的倡议。倡议表示，将10月31日上海世博会闭幕之日定为世界城市日，让上海世博会的理念与实践得以永续，激励人类为城市创新与和谐发展而不懈追求和奋斗。“世界城市日”的申设，是上海世博会工作的有效延续。

在中国政府和有关各方的共同努力下，2013年12月6日，第六十八届联合国大会第二委员会通过有关人类住区问题的决议，决定自2014年起将每年的10月31日设为“世界城市日”。这是中国首次在联合国推动设立的国际日，获得了联合国全体会员国的支持。首个“世界城市日”活动全球启动仪式于2014年10月31日在上海举行，主题为“城市转型与发展”，契合了中国当前新型城市化发展战略和可持续的发展理念。

信息公开

政务信息化

上海电子政务网络实现全覆盖。“中国上海”门户网站设有“白玉兰助手”、“要闻动态”、“政府信息公开”、“网上政务大厅”、“政民互动”、“公众服务”、“走进上海”等7个一级栏目76个二级子栏目。2015年，门户网站主页访问人次2523万，页面访问7亿1979万页次，集聚网上办事项1247项。2015年，全市政府网站（群）主页访问日均124.42万人次，页面总访问日均3105.41万页次。

政府信息公开

2015年，上海市坚持以公开为常态，不公开为例外，主动公开政府信息36.5万条，同比上升30.8%，受理政府信息公开申请3.3万件，同比上升35.2%，行政权力清单公开、数据资源开放、依申请公开流程优化等多项工作取得较大突破，较好服务了经济社会发展，保障了人民群众依法行使知情权，排名《中国政府透明度指数报告（2015）》省级政府第一名。

加强新闻发布工作，组织召开市政府新闻发布会及媒体通气会59场。杨雄市长两次出席记者招待会，政府部门和区县主要负责同志共37人次出席了市政府新闻发布会，出席频次和质量较往年有较大提高。

全面清理并发布市级机关行政权力和行政责任清单，部分区县公开了本地区或街道乡镇的行政权责清单。累计取消和调整行政审批等事项354项，除涉密信息外，均依法予以公开。发布《行政服务中心建设和运行管理规范》等三个地方标准，制定行政审批申请接收管理办法实施细则，全面推行行政审批申请材料收件凭证制度，形成节假日公共服务事项目录，明确17000余项事项在节假日办理。

发布2015版全市信用信息数据清单、应用清单、行为清单“三清单”，涉及全市99家单位，3400多项事项。复制推广上海自贸试验区经验，推进区县社会信用体系建设，实现区县信用子平台与市信用平台对接。42家市级部门通过上海市政府数据服务网累计开放数据资源逾800项，其中2015年新增533项，涵盖了经济建设、资源环境、教育科技等11个重点领域，基本覆盖各部门主要业务范围，并进一步提高实时、动态数据资源比例。

2015年，由上海市人民政府新闻办公室

组织召开的市政府新闻发布会及媒体通气会共 59 场，包括 37 场市政府新闻发布会，22 场媒体新闻通气会，1600 余人（次）中外记者参加新闻发布会（新闻通气会）。通过准确的信息发布和权威的政策解读，把市政府各项重点工作、重要政策等及时传递给公众，既满足了中外媒体的信息需求，也吸引了社会各界的广泛关注，赢得了媒体和受众的好评。

2015 年，作为上海市人民政府新闻办公室的官方发布平台，“上海发布”政务微博全年共发布各类信息近 9 千条，粉丝数量达 1172 万，继续居全国省区市政务微博首位；“上海发布”政务微信用户数突破 160 万，用户日均阅读量达 45 万次，进一步强化“市政大厅”各类便民服务及办事查询功能，初步构建起上海市民指尖一站式服务大厅，其影响力位列全国省区市政务微信订阅号第一名。

公共信用信息服务平台

2015 年，上海市公共信用信息服务平台正式开通运行。至年末，公共信用信息服务平台已有包含行政机关、司法机关、公用事业单位在内的 99 家信息源单位，归集信息事项 3444 个，基本覆盖全市常住人口以及 138 万企业法人、事业法人和社会组织法人。

服务热线

对外信息服务热线

开通于 2006 年 5 月的上海对外信息服务热线 (The Shanghai Call Cebter +8621 962288)，全天 24 小时免费向在沪外籍人士提供上海城市各类信息咨询、应急翻译、交通工具、手机通讯委托服务、互联网信息咨询和阶段性地为政府重大项目和展会任务提供外语语音配套服务等 5 大类公益服务。热线设有英语、法语、德语、日语、韩国语、西班牙语、意大利语、俄语、阿拉伯语、马来语、印尼语、葡萄牙语、保加利亚语等 15 个语种的服务。至 2015 年末，总共为来自 92 个国家和地区的外籍人士提供服务逾千万次。

市民服务热线

上海市民服务热线（12345）为非紧急政务热线，2012 年 10 月 8 日开通运行，2013 年 1 月 3 日正式运行，全天 24 小时接听市民来电。主要解答市民提出的各类政策和信息咨询，受理和办理市民提出的涉及政府公共管理和公共服务方面的求助、投诉和建议。2015 年，12345 市民服务热线共接听市民电话 200 万个，日均 5479 个，当场解答市民电话 108.7 万个，解答率为 65%，转交工单 69.8 万件，办结率为 98.4%，回访市民来电综合满意率为 91.47%。

实用指南

- 常用电话
- 网站精选
- 办事机构
- 投资指南

常用电话

公安报警	110	城建服务热线	12319
火警	119	东方有线企业、客户服务热线	962877
救护	120	国家电网热线	95598
电话故障	112	上海市工商局维权热线	12315
查询电话	114	价格举报服务热线	12358
对时服务	12117	上海市食品药品安全投诉举报热线	12331
天气预报	12121	住房公积金热线	12329
中国邮政服务热线	11185	市民服务热线	12345
上海市卫生计生热线	12320		

网站精选

重要网站

中国上海网 www.shanghai.gov.cn

上海人大网 www.spcsc.sh.cn

上海政协网 www.shszx.gov.cn

上海市人民政府新闻办公室 www.shio.gov.cn

互联网新闻信息服务单位

东方网	www.eastday.com	文汇网	www.whb.cn
新民网	www.xinmin.cn	新闻晨报官网	www.shxwcb.com
看看新闻网	www.kankanews.com	一财网	www.yicai.com
解放网	www.jfdaily.com.cn	青年报上青网	www.why.com.cn
澎湃新闻	www.thepaper.cn	东方卫视网站	www.dragontv.cn
上海热线	www.online.sh.cn	上海教育电视台官网	www.setv.sh.cn
中国家家网	www.jiajia.net	东方早报网	www.dfdaily.com
上海奇虎网	www.sh.qihoo.com	劳动报来博网	www.labour-daily.cn
激动网	www.joy.cn	国际金融报网	www.gfic.cn
观察者网	www.guancha.cn	东方体育日报网	www.sport1.cn
上海报业集团官网	www.news365.com.cn	上海教育新闻网	www.shedunews.com
界面	www.jiemian.com	五星体育官网	www.hisports.com
上海日报网	www.shanghaidaily.com		

特色网站

上海志愿者网	www.volunteer.sh.cn	丁丁网	www.ddmap.com
携程旅行网	www.ctrip.com	大众点评网	www.dianping.com
东方财富网	www.eastmoney.com	VeryCD	www.verycd.com
一号店	www.yhd.com	51 网	www.51.com
驴妈妈旅游网	www.lvmama.com	中国电信号码百事通	www.118114.cn
沪江网	www.hujiang.com	起点中文网	www.qidian.com
篱笆网	www.liba.cn	PPS 网络电视	www.pps.tv
土豆网	www.tudou.com	PPTV	www.pptv.com

虎扑网	www.hoopchina.com	上海博物馆	www.shanghaimuseum.net
世纪佳缘	www.jiayuan.com	上海图书馆	www.library.sh.cn
前程无忧网	www.51job.com	一城网	www.001town.com
电脑之家	www.pchome.net	上海文化信息	www.culture.sh.cn
21 世纪人才网	www.21cnhr.com	每日经济新闻	www.nbd.com.cn
上海助医网	www.91985.com	证券之星	www.stockstar.com.cn
东方票务	www.ticket2010.com	蜻蜓 FM	www.qingting.fm
中国上海国际艺术节	www.artsbird.com	2345 导航网站	www.2345.com

办事机构

上海办事机构内容详见中国上海门户网站（http://www.shanghai.gov.cn/）办事平台栏目。

投资指南

上海投资指南内容详见中国上海门户网站（http://www.shanghai.gov.cn/）投资上海栏目

图书在版编目（CIP）数据

中国概况．上海卷／上海市人民政府新闻办公室编著．—北京：外文出版社，2015
（中国概况）
ISBN 978-7-119-09697-1
I．①中… II．①上… III．①上海市－概况 IV．①K92
中国版本图书馆CIP数据核字(2015)第257817号

顾　　问：董云虎
策　　划：朱咏雷
主　　编：陈静溪
副 主 编：汤世芬
编　　委：张　宇　钱　斐
撰　　稿：冬　清
图片提供：上海市人民政府新闻办公室等

项目策划：肖晓明
出版指导：胡开敏
出版统筹：于　瑛
责任编辑：杨春燕　刘芳念
内文设计：一瓢文化·邱特聪
封面设计：大盟文化传播有限公司
印刷监制：冯　浩

中国概况
上　海
上海市人民政府新闻办公室　编著

出 版 人：徐　步
出版发行：外文出版社有限责任公司
地　　址：北京市西城区百万庄大街24号　　邮政编码：100037
网　　址：http://www.flp.com.cn　　电子邮箱：flp@cipg.org.cn
电　　话：008610-68320579（总编室）　　008610-68327750（版权部）
　　　　　008610-68995852（发行部）　　008610-68996190（编辑部）

印　　刷：鸿博昊天科技有限公司
经　　销：新华书店/外文书店
开　　本：787mm × 1092mm　1/16
字　　数：60千字
印　　张：13.5
版　　次：2016年10月第1版第1次印刷
书　　号：ISBN 978-7-119-09697-1
定　　价：80.00元

版权所有　侵权必究　如有印装问题本社负责调换（电话：008610-68996172）